中国治水文化

王　玮　王腊春　著

东南大学出版社
SOUTHEAST UNIVERSITY PRESS
·南京·

内 容 提 要

治水文化是人类在人水关系治理过程中所形成的一切物质、精神与制度成果的总和。治水文化是中华文化的重要组成部分。中国治水文化研究是一个系统工程,本书旨在架构中国治水文化研究的整体框架,并就其中中国治水文化变迁的历史进程及其特点进行研究。以历史脉络为主线,从人地关系的角度阐述中国治水发展历史,梳理了史前社会、奴隶社会、封建社会到近现代中国治水文化变迁历程,将中国治水文化变迁历程划分为萌芽期、趋利避害期、兴利除害期、利用和保护期,不同治水文化理念导致不同时期治水实践具有不同的特征。以黄河流域为例研究中国治水文化的变迁,分析在其近四千多年的长期泛滥和人水关系中所体现的中国治水文化的发展。本书可为水利、历史、地理、哲学、文化等领域的专家和学生提供参考,也可为热爱中国文化的读者提供借鉴。

图书在版编目(CIP)数据

中国治水文化 / 王玮,王腊春著. —南京:东南
大学出版社,2023.8
  ISBN 978-7-5641-8229-8

Ⅰ.①中… Ⅱ.①王… ②王… Ⅲ.①水利建设—文
化研究—中国 Ⅳ.①TV

中国版本图书馆 CIP 数据核字(2018)第 300696 号

责任编辑:宋华莉 **责任校对:**子雪莲 **封面设计:**王 玥 **责任印制:**周荣虎

中国治水文化

Zhongguo Zhishui Wenhua

著　　者:王　玮　王腊春
出版发行:东南大学出版社
出 版 人:白云飞
社　　址:南京四牌楼 2 号　　邮编:210096　　电话:025-83793330
网　　址:http://www.seupress.com
电子邮箱:press@seupress.com
经　　销:全国各地新华书店
印　　刷:广东虎彩云印刷有限公司
开　　本:700 mm×1000 mm　1/16
印　　张:15.25
字　　数:300 千字
版　　次:2023 年 8 月第 1 版
印　　次:2023 年 8 月第 1 次印刷
书　　号:ISBN 978-7-5641-8229-8
定　　价:58.00 元

前　言

　　水是重要的地理要素,是生命之源、万物之本,是人类生存与文明发展必不可少的重要物质基础。地球自有人类以来,人们一直在谋求人与水的共生,一直在探索人与水矛盾的解决之道。在先秦时代,为了生存的需要,人类选择临水而居,虽有"蒹葭苍苍,白露为霜。所谓伊人,在水一方"人水和谐的美景,也有"水患肆虐,束手无策。无奈迁徙,辗转流离"人水失和的悲怆。彼时,人对水怀有敬畏之情,水对人有约束之感,人水关系处于以水为主导的和谐关系阶段。在近现代,科技发展日新月异,社会生产力水平极大提高,人类征服水的能力进一步提升,甚至有"敢叫日月换新颜"的豪情与实践,此时的人水关系表现为一种人水相争、以人为主导的兴利除害模式。然而,由于人类非理性的过于自信,未能从生态系统的完整性角度考量,治水引起的生态环境影响日益引起关注。自然的力量是巨大的,人类在和水斗争的长期实践中,认识到要尊重自然、敬畏自然,实现人水和谐,提出了水生态文明建设,人水关系趋于新的人水和谐的关系。

　　治水文化是人类在人水关系治理过程中所形成的一切物质、精神与制度成果的总和。治水文化是中华文化的重要组成部分。在治水行为中探索其文化价值,以文化为背景解读治水行为,通过中国治水文化变迁折射中国文化的特色,对于理解中国文化背景下的可持续发展具有现实意义。中国治水文化研究是一个系统工程,本书旨在架构中国治水文化研究的整体框架,并就其中中国治水文化变迁的历史进程及其特点进行研究。探索中国治水史上各时期的人水关系,了解当时人们治水的思想和理念,以及和当时中国历史文化的关系,古为今用,对深刻理解目前人与自然、人与水的关系,加速水生态文明建设有着重要的意义。治水文化既深受传统文化的影响,又对未来的治水活动产生着潜在的影响。

中国的治水文化变迁大体经历了四个发展阶段。本书以历史脉络为主线,从人地关系的角度阐述中国治水发展历史,梳理了史前社会、奴隶社会、封建社会到近现代中国治水文化变迁历程,将中国治水文化变迁历程划分为萌芽期、趋利避害期、兴利除害期、利用和保护期。

中国不同治水文化理念导致不同时期治水实践具有不同的特征。从远古时期至先秦的萌芽期对应的"顺天应命"的治水文化,表现为巫术和鬼神文化对治水活动的深刻影响。从秦至清末为趋利避害期的治水文化,以古代朴素唯物主义思想为主流。清末至中华人民共和国成立后20世纪70年代后期,在科技的大力发展下,兴利除害是此时治水文化的特征。然而,对科技的盲目崇拜使得治水活动一度出现"人定胜天"的信念。现在,治水文化进入了利用和保护期,在资源水利指导下的治水文化和生态文明思想下的生态水利治水文化将会成为这一时期和今后很长一段时间治水活动的指导思想和治水文化的特征。

经济、科技和制度是推动治水文化发展的重要推动力。经济是治水事业发展的基础,制约着治水活动的各项能力。科技为水利事业的发展提供了有力的支撑,一个时期水利及其水利技术发展的总体水平深受生产力水平的制约。制度建设是治水事业发展的重要保障,各个历史时期的治水制度,反映了一定历史时期社会文明的程度。

本书以黄河流域为例研究中国治水文化的变迁,分析在其近4000多年的长期泛滥和人水关系中所体现的中国治水文化的发展,有利于梳理水旱灾害影响下现代人地关系的模式,对研究现代地理环境下人类活动的基本规律具有一定的指导作用。

由于作者知识的局限,书中错误和遗漏在所难免,敬请读者谅解!

作　者

2022 年 3 月 20 日

目　录

第1章　绪论 ⋯⋯⋯⋯⋯⋯⋯⋯⋯⋯⋯⋯⋯ 001

　1.1　国内外治水文化研究概况 ⋯⋯⋯⋯⋯⋯ 002

　　1.1.1　治水文化的内涵 ⋯⋯⋯⋯⋯⋯⋯ 002

　　1.1.2　国内对治水文化的研究 ⋯⋯⋯⋯ 004

　　1.1.3　国外对治水文化的研究 ⋯⋯⋯⋯ 010

　1.2　黄河流域概况 ⋯⋯⋯⋯⋯⋯⋯⋯⋯⋯ 013

　　1.2.1　黄河流域地理背景 ⋯⋯⋯⋯⋯⋯ 014

　　1.2.2　黄河水系变迁 ⋯⋯⋯⋯⋯⋯⋯⋯ 017

　　1.2.3　黄河流域水旱灾害历史、危害与原因 ⋯⋯⋯ 020

第2章　中国治水文化思想的演进及框架体系 ⋯⋯⋯⋯ 029

　2.1　先秦治水 ⋯⋯⋯⋯⋯⋯⋯⋯⋯⋯⋯⋯ 030

　　2.1.1　远古治河传说 ⋯⋯⋯⋯⋯⋯⋯⋯ 030

　　2.1.2　远古祭祀 ⋯⋯⋯⋯⋯⋯⋯⋯⋯⋯ 031

　　2.1.3　农田水利工程与航运 ⋯⋯⋯⋯⋯ 032

　　2.1.4　堤防建设 ⋯⋯⋯⋯⋯⋯⋯⋯⋯⋯ 033

　2.2　封建社会 ⋯⋯⋯⋯⋯⋯⋯⋯⋯⋯⋯⋯ 034

　　2.2.1　西汉和东汉 ⋯⋯⋯⋯⋯⋯⋯⋯⋯ 034

　　2.2.2　魏晋南北朝 ⋯⋯⋯⋯⋯⋯⋯⋯⋯ 040

　　2.2.3　隋唐五代 ⋯⋯⋯⋯⋯⋯⋯⋯⋯⋯ 041

　　2.2.4　北宋 ⋯⋯⋯⋯⋯⋯⋯⋯⋯⋯⋯⋯ 043

　　2.2.5　金元 ⋯⋯⋯⋯⋯⋯⋯⋯⋯⋯⋯⋯ 046

　　2.2.6　明朝 ⋯⋯⋯⋯⋯⋯⋯⋯⋯⋯⋯⋯ 048

　　　2.2.7　清代 ……………………………… 051
　2.3　民国 …………………………………… 054
　　　2.3.1　花园口决口 ……………………… 055
　　　2.3.2　李仪祉 …………………………… 055
　2.4　现代 …………………………………… 057
　2.5　小结 …………………………………… 058

第3章　顺天应命的治水文化 ………………… 061

　3.1　巫教文化在中国古代人水关系中的表现 ………… 062
　　　3.1.1　巫术与黄河崇拜 ………………… 062
　　　3.1.2　祭祀在巫教文化中的表现 ……… 066
　　　3.1.3　具体祭祀文化 …………………… 068
　3.2　巫教文化在中国古代治水史上的作用 ……… 070
　3.3　巫教文化对中国近现代治水的深远影响 ……… 072
　3.4　讨论 …………………………………… 073
　3.5　小结 …………………………………… 075

第4章　趋利避害的治水文化 ………………… 077

　4.1　古代治河思想中的朴素唯物主义 ……… 078
　　　4.1.1　世界的本原是物质 ……………… 078
　　　4.1.2　遵循客观规律,因势利导、因地制宜 …… 079
　　　4.1.3　发挥人的主观能动性 …………… 080
　　　4.1.4　治河中的朴素辩证法思想 ……… 081
　　　4.1.5　治水实践中的系统观 …………… 084
　　　4.1.6　朴素唯物主义哲学思想和科技发展影响古代
　　　　　　治河活动 ……………………………… 085
　4.2　封建君主集权统治和政府在治河中的作用 …… 086
　　　4.2.1　汉武帝和康熙帝治水活动 ……… 087
　　　4.2.2　两位帝王治水特点以及社会、政治和哲学
　　　　　　文化的影响 ……………………… 089
　　　4.2.3　封建君主专制中央集权统治对治水的
　　　　　　影响 ……………………………… 096

4.2.4　国家在灾害治理中的职责和作用 ············ 098

4.3　历代治水典籍背后的文化与思想 ················ 099

4.3.1　治水典籍分类 ················ 099

4.3.2　从治河典籍窥看中国古代科技发展 ······· 108

4.4　小结 ················ 111

第5章　兴利除害的治水文化 ················ 113

5.1　近代西方科技发展对治水文化的影响 ············· 114

5.1.1　近代科技对治水事业影响的表现 ········· 114

5.1.2　近代治水事业的特点 ················ 120

5.1.3　近代科技进步对治水文化的影响 ········· 122

5.2　人定胜天思想下的治水运动 ················ 123

5.2.1　科技进步促进治水能力不断提高 ········· 124

5.2.2　治水活动特点和问题 ················ 130

5.2.3　人定胜天思想产生的原因及利弊分析 ····· 132

5.3　小结 ················ 132

第6章　利用和保护的治水文化 ················ 135

6.1　资源水利与生态水利 ················ 136

6.1.1　资源水利 ················ 136

6.1.2　生态水利 ················ 145

6.2　现代治水科技与设想 ················ 154

6.3　讨论与小结 ················ 158

第7章　黄河流域治水文化变迁及其影响 ············· 161

7.1　水系变迁与古都兴衰 ················ 163

7.1.1　长安城变迁 ················ 164

7.1.2　洛阳城迁移 ················ 166

7.1.3　开封城与黄河 ················ 168

7.2　水旱灾害与古城变迁 ················ 169

7.2.1　水旱灾害与都城发展 ················ 169

7.2.2　水旱灾害与人口迁移 ……………… 174
7.3　水运经济与古都兴衰 ………………… 178
7.4　近现代治黄工程与城市发展 ………… 182
7.5　黄河流域综合治理开发、保护与城市发展 ……… 183
7.6　讨论与小结 …………………………… 185

第8章　研究总结 ………………………… 189

参考文献 …………………………………… 195

附录 ………………………………………… 213

第 1 章

绪论

水是重要的地理要素之一。水，是生命的摇篮，更是文明的摇篮。古代璀璨的文明无一例外都是从河流流域孕育和发展起来的。水，是维系生命的物质基础，甚至影响国家发展的命运。人文地理学是研究人地关系的科学，人水关系是人文地理学研究的重要内容之一。中国因其独特的地理位置，水的分布在时空上极为不均，千百年来我们一直在解读人与水的共生与矛盾。人与水的关系深刻影响了过去，深切影响着现在，必将深深影响着未来。

治水是中华文明的重要组成部分，治水文化是中华文化的重要组成部分。在治水行为中探索其文化价值，以不同时期治水文化为背景解读治水行为，研究其治水文化特征，对于现阶段水生态文明建设具有现实意义。

1.1 国内外治水文化研究概况

1.1.1 治水文化的内涵

文化在中国早期的语言系统中是分开表达的，西汉以后方合为一个词，文化在中国古汉语里具有"以文教化"的意思。如"圣人之治天下也，先文德而后武力。凡武之兴为不服也。文化不改,然后加诛"(《说苑·指武》),"文化内辑,武功外悠"(《补亡诗·由仪》)。这里文化与野蛮相对,表示对人的性情的陶冶、品德的教养。文化比较容易理解为艺术、风俗、文学等等,学者眼中的文化还包含在社会生活中形成的一类精神或心理的特性和习惯,包括人的生活方式、价值观、审美趋向等。其基本性质都包括社会价值观、含义体系、行为方式。这些东西影响(甚至决定)人们的下意识选择(唐晓峰,2012)。文化研究具有明显的"后学科"和"跨学科"的特点,这种特点使得文化研究具有一种有别于其他学科的独特性,因此无法用某一学科硬性的规则去界定与要求它(马驰,2013)。所谓文化就是这样一些由人自己编织的意义之网,对文化的分析不是一种寻求规律的实验科学,而是一种探求意义的解释科学(格尔茨,1999)。文化的创造过程是人与自然在实践中的对立统一。人创造了文化,文化也深深影响着人类活动。文化对人具有约束力,会指导、规范和影响人的行为。文化是一种价值观、生活方式、信仰和文化认同,揭示人们的民族特性,对待自然的态度、归属感。水,作为一种自然元素,从一开始就与人类诞生以及文化起源息息相关。中华文化是从水文化开始的,水文化是中华文化的母体文化(潘杰,2005)。水文化是民族文化的重要组成部分,水文化的主体是水利文化(李宗新,2009)。中国水文化主要是在治理黄河的活动过程中丰富、发展的。

中国治水文化源远流长。水作为中华文明的摇篮,与中华文化有着深深的不解之缘。博大的中华文化从一开始就孕育着内涵极为丰富的治水文化。本研究认为,治水文化包含在长期的治水活动中出现的各种治水思想和方略,特别是治水名士们的事迹和思想以及对此的记录,包含由此产生并与时代匹配的治水制度。治水文化也包含人们对水的看法、河流辩证的认识,以及由文化内在驱动,在河流这个自然大舞台上,人所创造的治水工程和由此产生的景观文化。中国的治水文化是中华民族在长期与水结缘、斗争和纠葛的过程中创造和沉淀下来的所有物质财富、精神财富和制度财富的总和,它是具有不同表征的源远流长的治水活动的内在驱动力。并通过故事传说、文献典籍、规章制度、工程景观、思想方略等等传承下来并深深植根于后人的骨髓中,深刻影响着他们在治水中的思维方式、行为习惯、观念意识等,体现了具有中华民族特色的治水方式。它是我们引以为傲的千年历史积淀的产物,更是中华民族生生不息的源泉之一。

1.1.2 国内对治水文化的研究

浩瀚的历史给学者们研究中国治水思想和文化提供了极其丰富的素材,国内对治水文化的研究大体分为如下几类。

（1）对治水名士的研究

在浩如烟海的历史长河中,从原始社会开始,中华大地上就相继出现了一批批治水名士,他们的事迹和思想如繁星点点,闪烁着智慧的光芒。

共工与鲧,以及父子相承的禹,开启了研究治水名士的篇章。其中,被研究最多的是大禹治水。大禹不仅开启了因势利导的治理方法,更是使中国社会通过治水发展农牧业生产的途径进入了奴隶社会(魏特夫,1989)。大禹治水的传说体现了中华民族的民族精神(范文澜,1978;乐黛云,1999;汤夺先,张莉曼,2011)。许多学者认为大禹治水为中国进入文明社会提供了重要契机,是中华文明史的重要曙光(李亚光,2003)。大禹的治水之道也体现了其朴素的五行思想,是对世界的客观认识,认为世上万物可由五种物质概括,把世界的本源归结为五种"原初"物质,且物质之间有相生相克的关系,是一种朴素的唯物主义观念,是古代朴素唯物主义的萌芽,具有朴素的辩证法思想(张晓红,2000)。这是一种在治水过程中形成的对世界本原的认识,它不仅影响了大禹的治水观,更影响着大禹的治国观。

西汉末年,王景治河后的黄河经历 800 多年没有发生大改道,决溢也为数不多,有王景治河千年无患之说。近代著名水利专家李仪祉对王景评价颇高"中国治河历史虽有数千年,而后汉王景外,俱未可言治"(李仪祉,1988)。"十里立一水门,令更相洄注"李仪祉认为是王景治河理论最精彩的部分(李仪祉,1988)。并引用德国人恩格斯的话"正因洪水漫滩,淀其泥沙后,复入河槽,故能刷深较多也,其理与王景不谋而合"(李仪祉,1988)。刘鹗认为"立水门则浊水入,清水出,水入则作伐以护堤,水出则留淤以厚堰,相洄注则河涨水分,河消水合,水分则盛汛无漫溢之忧,水合则落槽有淘攻之力"(《再续行水金鉴》卷一百五十八引《山东治河续说》)。也有学者认为王景治河正是实践了贾让治河三策中的"上策"(刘传鹏,牟玉玮,包锡成,1981),采取了"宽河固堤"的方法,因此"河定民安,千载无患"。不过王景治河中提出的"十里立一水门,令更相洄注"因史料记载过于简练,使得后人对其有多种解释。清代的魏源觉得是沿着黄河内堤每隔 10 里(1 里 = 500 米)的地方建一座水门(魏源,1983)。民国的李仪祉构想是沿着汴渠的左堤每 10 里的地方立一座水门(李仪祉,1988)。武同举以为是汴渠上有两处相距 10 里的引黄水门(吴君勉,1942)。王涌泉等人早已从施工的繁难程度指出:"这种设想,黄河两岸要有四道堤防,再加上每十里一个水门,工程量之大,不但在东汉时,就是在今天一年之内也不可能完成,硬说王景一年完成如此巨大工程,是不合事实的。"(王涌泉,徐福龄,1979)而在黄河分汴处设置两处或两处以上的水门,实行多首制,交替从河中引水入汴,则是有可能的(水利部黄河水利委员会《黄河水利史述要》编写组,1982)。

(2) 对治水著名工程的研究

一个个巧夺天工的治水工程,开启了中国水利史的华丽篇章。这些伟大的工程,其中一些至今仍恩惠着中华大地,当中所闪烁的治水思想和体现的文化价值对现今仍有借鉴和指导意义。

都江堰工程合理的布局、巧妙的配合、显著的功效,蕴含着精深而丰富的科学哲理,彰显了我国传统科学技术的优越性。它是我国传统文化中"天人合一"思想观念的具体体现,实现了人与自然共同发展、和谐相处的理想,是我国传统治水文化上的耀眼明珠(李可可,黎沛虹,2004)。学者们梳理了都江堰水利工程的历史演变和其中的辩证法(罗启惠,谈有余,2001),分析如何根据河流地质作用的原理,因地制宜、因势利导地修筑都江堰工程,以达到灌溉、防洪和通航的目的(陈智梁,2003),以及李冰科学地利用地貌条件、河流动力均衡原理和河床平衡剖面理论,修建和管理都江堰的成功经验(郭耀文,1998)。研究了我国最早的水文观测——"水则"(王文才,1974),以及都江堰治水中的哲学内涵(赵敏,2004;纪玉梅,傅之屏,2011),使得都江堰成为"以水治水"(邹礼洪,2005)和"分疏治水"(李可可,2008)的典范,华夏文明起承转合的支点。

(3) 对治水典籍的研究

典籍是记录思想和文化最好的载体,对这些治水典籍的研究,是对历史的了解,更是对文化的传承和发展。

《尚书·禹贡》是《尚书·夏书》中的一篇,是我国古代第一部地理学著作。从古至今有许多学者研究它,就其成书年代就有很多说法。目前对其成书年代尚无定论,作者亦不详,是一本假托大禹之名写的著作,因此叫《禹贡》。学界普遍倾向于顾颉刚先生提出的战国中期说,史念海先生在《论〈禹贡〉的著作时代》一文中认为是魏国人所为(史念海,1979)。有学者认为《禹贡》是假托大禹治水的故事,为中国第一个奴隶制国家王朝夏的国土整治开发设计总体规划方案,是最早的区域人文地理学著作(刘盛佳,1990)。《禹贡》为后世治理河流提供了宝贵的经验,清代学者李振裕在为胡渭《禹贡锥指》作序时亦称:"自禹治水,至今四千余年,地理之书无虑数百家,莫有越《禹贡》之范围者"(胡渭,2006)。

《水经》是一部专门记述河道水系的著作,北魏的郦道元(约470—527年),为《水经》作注,他补充增加到 1252 条河流。不少学者喜欢考订《水经注》所记载的古代河流与现代河流的关系(屈卡乐,2013;罗平,2004;朱士光,2009),以及书中所提及的水利工程(韩光辉,向楠,2012)。更有通过文献校释与地理现象复原对某一地理现象进行考证的个案研究(王长命,2013)。有对《水经注》文字和文学贡献的研究(陈桥驿,1994;王东,2005;徐中原,2011),有对其所引秦汉以来至北魏各时期的碑碣、石刻、石室画像和摩崖题刻等各种石刻文献的研究(陈桥驿,1987;张鹏飞,2013)。古人和今人都对《水经注》中记载的错误进行过评论。清初郦学家刘献廷(1648—1695)说:"予尝谓郦善长天人,其注《水经》,妙绝古今。北方诸水,毫发不失,而江、淮、汉、沔之间,便多纰缪。郦北人,南方诸水,非其目及也"(刘献廷,1957)。郦学家陈桥驿《〈水经注〉之误》(《中国地名》)中也指出了其以黄河河源为代表河流记载错误(白凤娜,2011)。

（4）对河工技术发展的研究

河工技术的发展在中国治水活动中占有重要的地位。在对此方面进行的研究中，有整体描述河工技术发展的研究（陈维达，彭绪鼎，2001）或试图论述黄河与中国科技文明的关系（王星光，张新斌，1999），也有专门针对河工技术某一方面的研究，例如专门对堤防工程的研究（包承纲，吴昌瑜，丁金华，1999；尹北直，王思明，2009），对黄河埽工的研究（徐福龄，胡一三，1984；张凤昭，1951），对堵口技术的研究（黄淑阁，朱太顺，陈银太，2003），以及对各个朝代河工制度的研究（张岩，1999）。

（5）对特定历史时期水利发展情况、治水思想的论述

从共工治水开始，学者们对各个历史时期的治水发展情况及治水思想都有着深入和全面的研究。西汉时期与先秦相比，河患明显增多，主河道变化也比较频繁，尤其在西汉后期河患更为严重（闫明恕，2003）。然而汉武帝因把国家资财主要投入到北击匈奴、通西南夷道以及穿凿漕渠等兴利事业上（段伟，2004），加上汉武帝借口："然河乃大禹之所道也，圣人作事，为万世功，通于神明，恐难更改。"重"堵"不重"导"，以及材料匮乏和技术难题（蔡应坤，2006），导致黄河决口20余年未能堵塞。西汉出现了张戎的"以水排沙"、孙禁的"改河"、冯俊的"开支河分流"主张，以及最为著名、后人研究和评论最多的"贾让三策"。堵口技术采用了溢门口全面打桩填堵，以及东郡塞决采用的先自两侧向中间进堵。在河道治理上，汉宣帝年间已经有了截弯取直的治理方法（闫明恕，2003）。而东汉治河成就最高的王景治河的事迹更是后人研究的重点。

学者们对北宋时期关于黄河的研究集中在东流和北流之争，并从社会、政治、经济、军事等各个方面对其失败的原因进行探讨

（王红,2002;刘菊湘,1992）。北宋时期关于东流和北流共有三次大规模的讨论。宋人任伯雨说:"河为中国患,二千岁矣。自古竭天下之力以事河者,莫如本朝。而徇众人偏见,欲屈大河之势以从人者,莫甚于近世。"（《宋史·河渠志》）北宋时期,在辽宋西夏金政权长期对峙的复杂环境下,尤其是在防御北方辽朝的过程中,黄河防线的军事建设被宋廷置于重要的地位加以对待。黄河水患和军事的关系也是学者特别注重研究的方面（郭志安,2008;石涛,2006）。北宋一代名臣王安石以及中国历史上卓越的科学家——沈括的治水思想和他们的实践活动也是学者对这一历史时期治水思想与文化研究的重点（丰宗立,1998;华红安,2005）。科技方面,宋代岁修与测量技术的发展,以及宋代埽工都是颇值得研究的方面。

（6）从某一切入点阐述对历史上治河方略的认识程度

对历史上的治河方略,学者既有从整体上把握的分析（张本昀,孙冬艳,2005）,如对治河方略发展历程的研究（陈维达,彭绪鼎,2001）;也有对某个历史阶段治河方略特点的研究（张宇明,1988）;还有从水量与河道泄量、水与泥沙以及来沙量与河道输沙量的矛盾来分析古代一些有影响力的治河方略（涂海州,1986）。当然必不可少的是对各个历史时期著名治河人物的治河方略的研究。

（7）试图对治河活动背后的哲学思想进行研究

在治河活动中体现的哲学思想和思维方法也是学者们试图探讨的重点。有学者从"因势利导、因地制宜"的角度认为大禹治水、秦时李冰的都江堰工程等体现了人对自然规律的正确认识和把握（李可可,2008;王晓沛,2009）。明潘季驯、清靳辅等人的治河理论体现了人在改造自然中"期尽人事,不诿天数"的主观能动性(李云峰,2001;谢疆,2013;贡福海,程吉林,2008)。从矛盾的对立统一性方面分析了"以水攻沙""疏障结合"的治水思想(涂海州,1986;贡福海,程吉林,2008)。而这种种都体现了古人"天人合一""道法自然"的人与自然和谐相处的哲学思想(贡福海,程吉林,2008)。天人关系是中国哲学思想的核心内容,也是哲学思想必须回答和探讨的主题,中国传统治水思想中的天人观念必然也是学者们首要关注的。有学者认为天人关系的斗争反映到古代治水实践中表现为坚持以人为本,不信天命,相信人类对大自然的斗争能力,强调"天人合一"的和谐原则与可持续发展思想(谢疆,2013;孙盛楠,田国行,2014)。而中国古代治水思想中体现的自然观对现在的治水活动仍然起着有利的借鉴和指导作用(周魁一,谭徐明,2000)。中国古代治水思想是古代朴素唯物主义自然观和朴素辩证法思想的一种具体表现形式(李云峰,2001;张晓红,2000),是对治水活动背后的哲学思想的高度总结。

1.1.3 国外对治水文化的研究

国外的防洪历史基本上经历了一个从强调工程性措施发展到重视防洪的非工程性措施,地方和中央政府在防洪上的职能和责任也是在防洪的经验教训中慢慢界定下来的。

以美国为例,1927年4月的密西西比河洪水是美国国家防洪政策的重要转折点,之前的防洪主要是当地的责任,此后变为国家问题和联邦政府责任(Hoyt,Langbein,1955)。1933年,田纳西流域管理局(Tennessee Valley Authority,TVA)成立,对田纳西流域进行多元区域规划和建设并由政府直接经营。实践证明,经过40多年的建设,田纳西彻底改变了面貌(程远,1980)。

1936 年,美国国会通过了防洪行动纲领,确立防洪工程是具有公益性质的工程,防洪的主要责任应由联邦政府来承担(谭徐明,1998)。20 世纪 30—60 年代期间美国修建了大量重要的防洪工程,这些工程不仅工程庞大而且花费巨大,特别是 20 世纪 60 年代在帕尔河上游兴建了罗斯巴内特大坝(Ross Barnett Dam),它是按照百年一遇洪水标准设防兴建的。罗斯巴内特大坝曾被认为是解决杰克逊地区洪水问题的最终方法,标志着洪灾的终结(Piatt,1982)。然而,1979 年 4 月的复活节洪水再次对这一地区进行了无情的肆虐,粉碎了人们的愿望。这次的特大洪水被视为美国洪灾史上的又一个转折点,美国 20 世纪 60 年代后期的一系列灾害证明仅仅依靠防洪工程,常会破坏甚至摧毁自然环境,且花费相当巨大,会引起人们的不安全感(Godschalk Beatley,Berke,et al,1999)。复活节洪水体现出的问题有以下四点:①不充分的甚至是相互矛盾的洪水预测;②公共单位之间缺乏协调;③罗斯巴内特大坝防洪系统的不可依赖性;④因保护河某一岸而导致对岸的损害(Piatt,1982)。杰克逊地区洪水问题让人们在以下方面受教:公共设施的选址和设计;对更好的预警系统的需求;公共信息和灾害前计划;相关政府部门以及不同政府部门之间协作的重要性;最重要的是,大众对洪泛区土地使用和发展的限制(Piatt,1982)。自 1968 年以来,美国联邦政府通过一系列的法律法规,确定的非工程措施防洪减灾政策是以洪泛区整治、洪水保险以及防洪工程管理为主,重点放在洪泛区管理及洪泛区发展规划上(谭徐明,1998)。现在基本达成了一个共识:仅仅靠工程措施很难完全消除洪水的灾害(Fleming,Frost,Huntingtong,et al,2001;Defra,2002;OST,2004)。在面对自然和技术上的灾害时,需要寻求工程和非工程措施之间的平衡以保障人民生命和财产安全(Cruz,2005)。1980年《美国防洪减灾总报告》出台,这是美国国家防洪减灾的经典文献,由此美国防洪减灾工作进入到一个新的发展阶段,即演进到减灾行为的社会化。有学者指出为了提供有效的防洪减灾选择,除技术考量之外,社会的、政治的和环境的考量正越来越受到人们更多的认识(Pilgrim,1999)。人们普遍接受河流本身的自然状态就是各种各样的,并且有自己动态的生态系统(Ward, Tockner, Uehlinger, et al, 2001),河流都会有洪水,必须给河流留有足够的泛洪空间(Gilvear Maitland, Peterkin, et al,1995)。

20世纪90年代以前欧洲的防洪主要以由坝、闸、堤防、堰、渠道和站组成的防洪工程建设为主。在与洪水的斗争中,欧洲社会的防洪观念也有了重大转变,逐渐认识到洪灾是不可能消弭的自然灾害,人类社会必须适应洪水,学会与其共存。2001年英国土木工程师总统委员会给出的报告名称就是"与河流共存"(Fleming, Frost, Huntingtong, et al, 2001)。欧共体委员会为了对各国的生产行为进行约束,建立了一个水管理框架(Wharton, Gilvear, 2007)。因为水管理上的不确定性,荷兰水政策制定者趋向使用情景分析的方法来制定水管理政策(Haasnoot, Middelkoop, 2012)。情景分析的方法是为了应对不确定性,目的在于评估可能的影响以及制定政策(Carter Jones, Lu, et al, 2007)。

洪水管理是个复杂的过程,需要同时考虑水文的、水力学的、岩土工程技术的、环境的、经济的和行为的各个方面(Simonovic, Ahmad, 2005)。因为处理洪水管理时的复杂性,使用智能决策支持系统已经越来越受欢迎。将人类的知识和模型工具整合起来的智能决策支持系统可以在洪水管理的各个阶段帮助决策者。

智能决策支持系统可以在以下几个方面帮助决策者:选择合适的减轻洪灾方案;预报洪水;建立运用抗洪建筑物模型;描述洪灾时间和空间的影响(Ahmad,Simonovic,2006)。

目前,各国在防洪、治洪中都非常注重自然资源的可持续利用以及对生态环境的保护理念,并从传统的工程措施防洪为主,转向控制土地利用、洪水保险等非工程措施,并积极运用人工智能决策系统来支持在洪水各个阶段对河流的管理。这是世人治水观念的转变,也是治水文化的发展,是经验的不断积累,甚至是从血的教训中一步一步体验和总结出来的。

综上所述,目前对治水文化的研究往往是从某个局部或方面进行探讨,缺乏一个整体、综合的思考,对治水活动背后的哲学思想和文化探讨的深度和广度还有待突破,这也是本书试图分析的重点。中国的治水文化是中华民族在长期与水结缘、斗争和纠葛的过程中创造和沉淀下来的所有物质财富、精神财富和制度财富的总和。本书主要研究治水文化变迁,着重点在于治水哲学思想的变迁。

1.2 黄河流域概况

黄河发源于青海省曲麻莱县巴颜喀拉山脉北麓的约古宗列盆地,干流全长 5464 千米,流经青海、四川、甘肃、宁夏、山西、内蒙古、陕西、河南和山东 9 个省、自治区(历史上还曾流经河北和江苏),成"几"字形,东入渤海,沿途汇集了 30 多条主要支流和无数溪川,流域面积约 79.5 万平方千米(图 1.1)。黄河中上游以山地为主,中下游以平原、丘陵为主。由于河流中段流经黄土高原地带,夹带了大量的泥沙,所以它也被称为世界上含沙量最多的河流。

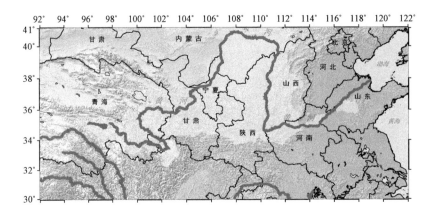

图 1.1　黄河流域图

注：主要依据《中国 2002 年 1：25 万一级流域分级数据集》(刘晓枚,2002)

1.2.1　黄河流域地理背景

上游为河源至内蒙古自治区托克托县的河口镇,河道长 3471.6 千米,流域面积 42.8 万平方千米,占全河流域面积的 53.8%。青海省玛多县多石峡以上地区为河源区,黄河发源地是湖盆西端的约古宗列。玛多至下河沿河段河道长 2211.4 千米,水面落差 2985 米,是黄河水力资源的富矿。下河沿至河口镇河段是宽浅的平原型冲积河流,有著名的"黄河河套"。黄河蜿蜒于内蒙古河套平原之上,河水水流缓慢,是弯曲型的平原河道。

中游为黄河自河口镇至河南郑州市的桃花峪。中游河段长 1206.4 千米,流域面积 34.4 万平方千米,占全流域面积的 43.3%,落差 890 米。黄河自河口镇急转南下将黄土高原分割两半,构成峡谷型河道,称晋陕峡谷。本河段河道比较顺直,河谷谷底宽,绝大部分都在 400～600 米。峡谷两岸是广阔的黄土高原,土质疏松,水土流失严重。支流水系发育丰富,大于100平方千米的支流有56条。本峡谷段流域面积11万平方千米,占全河集流面积的15%。区间支流平均每年向干流输送泥沙9亿吨,占全河年输沙量的56%,是黄河流域泥沙来源最多的地区。黄河出晋陕峡谷后,河面变得豁然开阔,水流平缓。本段河道冲淤变化剧烈,主流摆动频繁,属游荡性河道,有"三十年河东,三十年河西"之说。三门峡以下至孟津151千米,是黄河最后的一个峡谷段,称晋豫峡谷。三门峡至桃花峪区间是黄河流域常见的暴雨中心,暴雨强度大,汇流迅速集中,产生的洪水来势凶猛,洪峰高,是黄河下游洪水的主要来源之一。孟津以下,是黄河由山区进入平原的过渡河段。

下游为桃花峪至入海口。流域面积2.3万平方千米,仅占全流域面积的3%,河道长785.6千米,落差94米,比降上陡下缓。下游河道绝大部分河段靠堤防约束,横贯华北平原。河道总面积4240平方千米。由于大量泥沙淤积,河道逐年抬高,河床高出背河地面3~5米,部分河段如河南封丘曹岗附近甚至高出10米,是世界上著名的"地上悬河",亦是淮河、海河水系的分水岭。受历史条件的限制,黄河下游现行河道呈上宽下窄的格局。由于黄河将大量泥沙输送到河口地区,大部分淤在滨海地带,填海造陆,由此塑造了黄河三角洲。

黄河属太平洋水系。干流多弯曲,素有"九曲黄河"之称。黄河支流众多,从河源的玛曲曲果至入海口,沿途直接流入黄河,流域面积大于100平方千米的支流共220条,组成黄河水系。黄河左、右岸支流呈不对称分布,而且沿程汇入疏密不均,黄河左岸流域面积为29.3万平方千米,右岸流域面积为45.9万平方千米,分别占全河集流面积39%和61%。黄河是我国第二大河,但天然年径流量仅占全国河川径流量的 2.1%。居全国七大江河的第四位。黄河流域水资源的地区分布很不均匀,由南向北呈递减趋势。因受季风影响,黄河流域河川径流的季节性变化很大。夏秋河水暴涨,容易泛滥成灾,冬春水量很小,水源匮乏,径流的年内分配很不均匀。黄河流域水资源年际变化也很悬殊。

黄河流域西界巴颜喀拉山,北抵阴山,南至秦岭,东注渤海。流域内地势西高东低,高低悬殊,形成自西而东、由高及低三级阶梯。最高一级阶梯是黄河河源区所在的青海高原,位于著名的"世界屋脊"——青藏高原东北部,平均海拔 4000 米以上。第二级阶梯地势较平缓,黄土高原构成其主体,地形破碎。黄土塬、梁、峁、沟是黄土高原的地貌主体。黄土土质疏松,垂直节理发育,植被稀疏,在长期暴雨径流的水力侵蚀和重力作用下,滑坡、崩塌极为频繁,成为黄河泥沙的主要来源。第三级阶梯地势低平,绝大部分为海拔低于 100 米的华北大平原。包括下游冲积平原、鲁中丘陵和河口三角洲。下游冲积平原系由黄河、海河和淮河冲积而成,是中国第二大平原。黄河流入冲积平原后,河道宽阔平坦,泥沙沿途沉降淤积,河床高出两岸地面。平原地势大体上以黄河大堤为分水岭,以北属海河流域,以南属淮河流域。

黄河的水土资源特性、治理开发任务、各河段情况不同,各有侧重。其主要特点是:黄河干流青铜峡以上和托克托至孟津间的峡谷河段,以开发水电为主;青铜峡至托克托之间的宁蒙河套平原和孟津以下的黄河沿岸华北平原以及黄河中游的汾渭盆地,以发展灌溉为主;黄河中游的黄土高原,以开展水土保持、防治水土流失为主;宁蒙河段和下游则以防洪为主,修筑堤防,保护两岸工、农业生产。

1.2.2　黄河水系变迁

黄河河道变化无常,改道频繁,善淤、善决、善徙是其特点。早更新世晚期是黄河的胚胎发育期(李鸿杰,任德存,孙承恩,等,1992),距今1万~0.3万年的全新世早期和中期是黄河水系取得大发展的时期。这一时期出现了中国古代历史中记载的"汤汤洪水方割,浩浩怀山襄陵"(《尚书·尧典》)大洪水,禹受命于危难之中,"高高下下,疏川导滞"(《国语·周语下》),引黄河入渤海,形成了一条在孟津以下,汇合洛水等支流,改向东北流,经今河南省北部,再向北流入河北省,又汇合漳水,向北流入今邢台,巨鹿以北的古大陆泽中。然后分为几支,顺地势高下向东北方向在今天津市区南部入海的流路。这就是《尚书·禹贡》中记载的行水达1000多年的"禹河故道",一般认为它是有文字记载以来最早的河道。谭其骧先生对先秦黄河下游河道做了系统的考证,除《尚书·禹贡》中记载的禹贡河外(《山海经·山经》)的先秦黄河下游河道,即"山经河"以及《汉书·地理志》《汉书·沟洫志》和《水经注·河水注》记载的"汉志河"都是最早的关于黄河河道的记载。"山经河"沿着今太行山东麓北流,东北流至永定河冲积扇南缘,折而东流,经今大清河北至今天津入海。"汉志河"流经今卫河、南运河和今黄河之间,在沧州西、黄骅县北入海。

周定王五年(公元前602年),黄河在宿胥口迁徙,这是大禹治水后第一次黄河大改道。洪水从宿胥口改道走,向东流经漯川,至长寿津又与漯川分流,往北与漳河汇合,至章武入海。从战国时期开始修筑的河道堤防对固定河道、防蓄洪水起到了一定的作用,期间虽多有决溢,但这条河道一直延续到汉代。汉武帝元光三年(公元前132年),黄河在瓠子决口,东南注入巨野,由泗水沟通淮河,这是有记载以来黄河第一次夺淮入海。历时20余年,直至公元前109年才堵住决口。到了西汉末年由于泥沙的长期堆积,河床淤积很高。

王莽始建国三年(11年),黄河在"河决魏郡,泛清河以东数郡",大河改道东流,造成了黄河第二次大改道。大河在魏郡改道后,基本流路改走聊城以东大清河以北。濮阳以上仍是西汉时的原河道,濮阳以下,大河并无固定河槽。王莽为了在元城的祖坟不受水患威胁,不主张堵口,任由水患持续了近60年,给百姓带来了深重的苦难,直至东汉明帝永平十二年(69年),才由王景予以彻底治理。王景治河后形成的黄河河道较西汉大河偏东,经今河南濮阳西南、范县西北,又东经山东荏平、禹城西北,北经滨州、经今黄河和马颊河之间至利津入海。这条河道基本稳定了近800年的历史。

宋仁宗景祐元年(1034年),黄河在澶州横陇埽决口,黄河于澶州横陇决口后冲出的新河道宋人称之为"横陇故道"。庆历八年(1048年),黄河又在商胡埽决口,形成一次大改道。商胡改道后,大河基本流路走聊城以西与大名之间,经馆陶、清河、冀县,东至乾宁军合御河入海,宋代称为"北流"。这是黄河有史以来第三次大改道。12年后的1060年,黄河在商胡埽下游大名府魏郡第六埽今南乐西度决口,分流经今朝城、馆陶、乐陵、无棣入海,宋人称此河为"东流",又称"二股河"。此后北流、东流相互交替,直至北宋灭亡。公元前206—1127年,即西汉初—宋靖康二年,黄河变迁范围大都在现行河道以北。

南宋高宗建炎二年(1128年),东京守将杜充为抵御金兵南下,人为地在滑州决开堤防,黄河从此南流,河道由李固渡经滑县、濮阳、东明向东南流,再经鄄城、巨野、嘉祥、金乡一带,夺泗夺淮入黄海。形成黄河长期夺淮的局面,这也是黄河第四次重大改道。其后黄河分出几股岔流,河道变迁不定,一直持续到元代。元至顺帝正三年(1343年),河决曹县白茅堤,8年后才堵合,并修了白茅至砀山北岸堤防,大河经商丘、夏虞、萧县,东出徐州小浮桥入淮,史称"贾鲁故道"。此后大河不断决口,又分数路入淮。隆庆年间,开封以下到杨山修建了南岸堤防,大河有了固定的河道,经今兰考、商丘、砀山、徐州、宿迁、涟水入黄海。这一河段被称之为"明清故道"。1127—1555年,黄河变迁范围皆在现行河道以南。

自黄河夺淮700多年间,江苏淮阴以下淮河决口频繁、淤积严重、河道拥塞,黄河已有大改道的征兆。清咸丰五年(1855年),黄河在河南兰阳铜瓦厢决口,北流入渤海,这是黄河第五次重大改道。大改道后,铜瓦厢以下无固定河槽,泛滥达20多年,直至清光绪三年(1877年)两岸堤防逐渐相连,现成固定河道。

抗日战争时期,1938年,国民党扒开郑州花园口大堤,试图以洪水阻隔日军,黄河南流由颍水、涡河夺淮,夺运河由长江入海,给豫、皖、苏三省造成惨重灾难。直到1947年花园口复堵才回归北流。这一河道一直维持至今。近百余年来,现行河道河床不断淤积抬高,已成为海河和淮河两大水系的分水岭(见图1.2)。

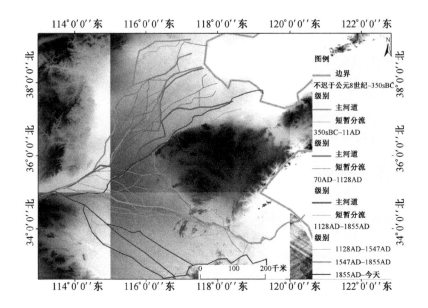

图1.2　黄河改道图

注：主要依据《中国历史地图集》(谭其骧，1982)

1.2.3　黄河流域水旱灾害历史、危害与原因

历史时期黄河洪水的泛滥和河道变迁的发生，对其下游平原地区的地理环境和社会经济产生了巨大影响，给人民的生产生活带来了严重不便和深重灾害。黄河每次泛滥和改道后，都会导致流域的水系结构系统发生重大变化。一方面，不仅原有水系遭到严重破坏，还会引起大量沼泽湖泊淤废；另一方面，也会带来新的水系和湖泊形成和变迁。洪水过后，大量泥沙沉积，形成厚度不一的沙土沉积物，造成土壤沙化现象，洪水泛滥致使土壤的肥力不断下降，严重影响当地的农业生产，造成耕地面积不断减少，粮食不断减产。巨大的洪水致使当地大量的城镇和田地被吞噬，对人们的安全问题造成严重影响。黄河决溢频率与人口变化的关

系也是十分显著的,洪水泛滥甚至会导致聚落的变迁、人口的迁移,给当地的政治、经济、文化带来影响。

黄河下游自西向东依次经历了我国第一级、第二级、第三级地形阶梯。黄河流域自西向东逐渐下降的地势状况直接决定了流域内河流的流向,悬殊的地形高差是导致黄河下游地区洪水泛滥的主要原因之一(范颖,潘林,陈诗越,2016)。当黄河下游河段流出山地地区进入平原,由于地势变低平、河道变宽,河流流速减慢,大量的泥沙沉积下来,河床抬升,形成悬河,极易发生决口。气候因素不仅会影响黄河中上游河流水量和含沙量的变化,也会影响植被的生长发育。下游河水来沙量的增加期与该流域气候暖湿期基本上是相对应的,黄河安流期也基本处于冷干期,这时气候特征也是造成河水含沙量相对较小的一方面原因(钮春燕,龚高法,1991;徐海亮,1993)。黄河流域属于季风性气候,受东亚季风的影响显著,全年降水多集中在夏秋两季,且多暴雨,暴雨导致黄河下游地区发生洪泛灾害的概率极大。夏秋季节洪水来临或洪水泛滥时,河堤防守不力,导致黄河下游河流决口。黄河中游流经黄土高原地区,黄土颗粒细、空隙多、土质疏松、耐冲性很差,大水来袭时容易变成流泥。过度开发使得森林遭受破坏,水土流失严重,也会导致黄河下游河道的变迁。历史上曾出现多次因战争而强制改变河道走向的事件。封建君主专制统治特点决定了在应对黄河问题时君主的个人品质、认识的深度也会造成治河策略的优劣,这也是导致黄河下游河道变迁的原因之一。

远古时期,黄河流域气候温暖湿润、植被良好、森林密布、地面水和地下水都相当丰富。良好的森林植被增加了土地表层的腐殖质,使黄土具有较高的肥力。黄河流域是新石器文化最集中、最繁荣的区域,是当时最先进入开发,并长期保持领先发展的区域。漫长的先秦时期,黄土高原一直受到良好的天然植被覆盖保护,黄河流域仍然基本上保持着从远古时期延续下来的优越地理环境并对该区域社会经济和政治地位的长期领先发展起着重要作用。

统一强盛的秦、汉都是疆域辽阔的封建大国,其统治中心、经济中心、全国主要的人口仍集中于黄河中下游。秦与西汉为营建咸阳和长安,大量砍伐关中附近的森林,加重了原始森林植被的破坏,黄土高原的侵蚀显著加重,黄河水中泥沙加大。西汉时"河水重浊,号为一石水而六斗泥"(《汉书·沟洫志》),"黄河"的称谓也正式出现(《汉书·高惠高后文功臣表》)。秦时,黄河下游的水势几乎与岸平,到了西汉,河岸抬高,已使下游的很长河段上升为河水高于平地的悬河。从西汉起,黄河开始了历史上第一个泛滥期。进入东汉后,北方匈奴羌、乌桓等游牧民族大量迁居黄河中游的边郡地带。特别是到了东汉末年,边郡的许多郡县变为以少数民族为主的地区。已开垦的农田又大量地转换为草原牧地,遭受破坏的天然植被又逐步得到恢复和保护,地面径流的侵蚀开始被遏止,水土流失减轻。69年,东汉水利专家王景治理黄河,在下游千里河道筑起长堤,稳定了下游河道,控制了黄河决溢,黄河开始恢复相对安流状态。

魏晋南北朝时期,黄河中游地带自东汉开始的由农变牧的趋势继续发展,原牧区的界限大大向内地推进,黄河中游的植被得到很大程度上的恢复,山地森林基本上完整,较有效地遏止了黄土高原的冲刷和侵蚀,使黄河的泥沙量减少,减轻了下游河道的淤积,因此河道得以趋向稳定,黄河基本上处于安流状态。黄河中下游较好的地理环境一直保持到隋代和唐前期。

隋唐时期黄河中游森林开始遭到严重破坏,森林的面积开始显著缩小,黄河中游大范围的森林植被普遍遭到破坏,黄土高原失去保护,地表径流的侵蚀冲刷重新加重,水土流失加快,黄河中挟带的泥沙又开始在下游河道大量堆积。从唐中叶起,黄河的决溢显著增加,开始了长达千年的黄河第二个泛滥期。唐以后,黄河水患日益严重,远远超过了前代,开创了黄河决溢的新纪录。

宋、金、元时期黄河中下游地区的地理环境继续趋向恶化。黄河中游地带的森林遭到比隋、唐时期更剧烈的破坏。森林植被大面积严重破坏之后,黄土高原水土流失严重。挟带大量泥沙的黄河使下游河道淤积极为严重。这时期黄河泛滥之严重达到前所未有的程度,改道频繁、长期多股分流、南北来回摆动、游徙无定,对黄河下游的水系和淮河水系都造成严重的破坏,抬高了河床,淤塞了河流和湖泊。地理环境的恶化对黄河中下游地区经济造成严重影响。

明清时期黄河中下游地理环境的恶化,远远超过以前各代。唐宋时就遭到严重破坏的黄河中游森林在明清时又遭到摧毁性破坏(郭豫庆,1989)。明清时期黄河中游地带的垦殖规模很大,超过汉唐时期。大规模的垦殖在大范围内加重了黄土高原森林植被的破坏。中游黄土高原地带失去植被保护,裸露地表受到地表径流的强烈冲刷、切割,水土流失更为严重。下游平原地带,由于黄土高原水土流失,黄河中泥沙量加大,下游河道严重淤积,河床迅速抬高,出现严重的悬河现象,黄河决溢加频。

到了近代,黄河流域地理环境的恶化持续积累加重。黄河中游森林植被继续遭到破坏,黄土高原各省的森林覆盖率已减少到5000年前的十几分之一甚至百分之一,植被的破坏使黄土高原水土流失惊人,土壤侵蚀成为黄土高原最严重的环境危机。地理环境的积累恶化使黄土高原成为生产条件极端恶劣的贫困落后地区。黄土高原日益严重的水土流失,使黄河泥沙含量惊人。加以政治腐败、河务荒废,黄河几乎年年溃决为害。黄河下游平原地带的森林也继续遭受破坏,森林植被的破坏降低了水源的涵养能力,加上黄河决溢对水系的破坏,造成了水资源日益贫乏,严重地制约着水利的发展。

思想的进步、认识的深化以及科技的发展使得近几十年我国治水治沙的效果发生了明显的效果。以黄河为例,目前黄河的径流量和输沙量都呈现明显的下降趋势。研究表明,地表水资源量减少的原因是多方面的。一是全球气候变化带来的降水量的减少,降雨的减少是导致径流锐减的重要原因之一;二是人类活动导致的下垫面变化,径流系数降低,也就是相同降雨量条件下,河川径流量减少(赵广举,穆兴民,田鹏,等,2012)。河源区径流减少的主要原因是自然因素,而不是人为因素。就黄河中游地区总体而言,人类活动的减水作用远大于降雨的影响,人类活动对径流变化的影响权重更大。(姚文艺,冉大川,陈江南,2013)。随着人口的增加、经济的发展,城市化进程加快,工业、生活和农业用水需求的增加使地表水资源量不断减少,以农业用水为例,农业灌溉用水已从年均 123 亿立方米(1950—1959 年)增加到了 285 亿立方米(1990—2000 年),大大超过了近年黄河入海流量(Wang, Saito, Zhang, et al, 2011)。

有人类活动以来,黄河流域水沙系列的丰枯变化是气候等自然因素和人类活动因素共同作用的结果(姚文艺,高亚军,安催花,等,2015)。近百年内输沙量减少的趋势度明显大于径流量减少的趋势度,中游的径流量、输沙量减少的趋势度明显大于上游的。近30年是黄河水沙系列百年尺度中最枯的时段,其变化的突出特点表现为来水来沙量不断显著减少。1960—1990年梯田和淤地坝等人工治理措施及年降雨量变化是径流减少的主导因素,1990—2000年植被恢复对径流减少起到了更为重要的作用(Wang,Fu,Piao,et al,2013)。2000年以前的50年间,黄河上游径流量减少的主要影响因素是气候变化,其贡献率占75%,人类活动占25%;黄河中游气候因素的贡献率为43%,人类活动的贡献率占到57%,人类活动作用明显大于气候因素。在2000年以前降雨等自然因素对水沙变化的贡献率大于人类活动的贡献率(汪岗,范昭,2002),2000年以后则相反(姚文艺,徐建华,冉大川,等,2011)。尤其是近年来,降雨对黄河中游水沙变化的作用明显降低,而人类活动作用增强。在同一时期,一般来说降雨对径流量的影响作用比对输沙量的影响作用大,人类活动尤其是水土保持措施对输沙量的作用比对径流量的作用大。大部分研究表明,近期黄河水沙变化的主要驱动力是人类活动,尤其是水库的修建(穆兴民,巴桑赤烈,Zhang Lu,等,2007;Yao,Xu,2013)。但气候变化(主要是降雨)仍然起着重要作用。就气候变化对流域产沙的影响而言,雨强可能比降雨总量更为重要(张胜利,1994)。

大批水利工程建设,水土保持措施的实施及工农业生产生活用水等人类活动对水沙的影响日趋显著,是导致水沙锐减的主要原因。黄河中游地区水沙变化与流域内强烈的人类活动密切相关。影响黄河中游水沙变化的人类活动主要包括工农业引水耗水、水土保持及水库、淤地坝等水利工程措施建设。研究显示,1960年以前黄河水沙处于自然变化状态,受人类活动影响较小。输沙量的减少主要是由于20世纪70年代末80年代初的水保措施导致的,大面积的退耕还林(草),水库及淤地坝等水利工程等,很大程度上改变了流域的坡面及河道中土壤侵蚀发生及地表汇水输沙,大大减少了坡面侵蚀到达河流的泥沙。黄土高原地区大量泥沙被拦蓄,造成了入黄河水沙锐减,这些水土保持措施有效地改善了流域的生态环境及下垫面状况,使地表侵蚀量发生了较大的变化。自20世纪70年代,黄土高原的侵蚀量每年已经减少了7.6亿千克,大约相当于50年代的60%,至2000—2009年该区域年均产沙量已减少为3.6亿千克(Wang,Saito,Zhang,et al,2011)。据统计,自70年代以来,中游地区大约修建了20000平方千米梯田,大规模的水土保持措施有效地减少了土壤侵蚀量(赵广举,穆兴民,田鹏,等,2012)。水沙变化的趋势与流域水土保持治理程度密切相关,水土保持措施在减沙方面起着主导作用,水土保持治理程度愈高,减水减沙幅度愈大(姚文艺,焦鹏,2016)。干流的输沙量受水库影响较大,而支流的输沙变化则由1970年代后的大规模水保措施引起(赵广举,穆兴民,田鹏,等,2012)。

小浪底水库建好后的泥沙调度方案对保护黄河三角洲生态有很大作用,小浪底水库控制了91%的黄河径流量和近100%的黄河泥沙(李国英,2002),在黄河治理开发中有着重要的地位。黄河下游河道汛期的淤积比随小浪底站径流量、平均流量的增大而减小,随小浪底站平均含沙量或来沙系数的增大而增大,而且冲淤性质由冲刷向淤积转化。调水调沙期间下游河道均发生了冲刷,河道淤积比随来沙量、出库平均含沙量和来沙系数的增大而增大,随出库径流量和洪水历时的增大而减小(严军,王艳华,王俊,等,2009)。

习近平总书记提出的"节水优先、空间均衡、系统治理、两手发力"的治水新思路,是我国应该长期坚持实施的水资源战略。围绕这一水资源战略,应继续推进节水型社会建设、落实最严格水资源管理制度、推进水生态文明建设。

第 2 章

中国治水文化思想的演进及框架体系

2.1　先秦治水

2.1.1　远古治河传说

远古中国出现了我国最早的一次洪水记载,据《水经注》(卷十五·洛水)载:"昔黄帝之时,天大雾三日,帝游洛水之上,见大鱼,煞五牲以醮之,天乃甚雨,七日七夜,鱼流始得图书,今《河图·视萌篇》是也。"这是传说的中国最早的一次暴雨洪水记载。在远古的传说里,共工以及父子相承的鲧和禹,都曾经和洪水进行过顽强的斗争,并留下了宝贵的经验。

共工,氏族名,古代神话中掌控洪水的水神。《左传》载:"共工氏以水纪,故为水师而水名。"据说共工是炎帝(神农氏)的后代,他发明了筑堤蓄水的办法,《国语·周语》:"昔共工欲壅防百川,堕高堙庳。"这种治水方法即我们常说的"水来土掩",削平高丘,填塞洼地。这就是远古智慧的"堵"。

传说鲧是天神,偷了天帝的宝贝"息壤"来赶退洪水,由此可见鲧击退洪水的方法还是沿用共工的方法"堵"。然而随着部落的扩大,生产规模的扩大,特别是此次洪水巨大,破坏性极强,《孟子》云:"当尧之时,天下犹未平,洪水横流,泛滥于天下。草木畅茂,禽兽繁殖,五谷不登,禽兽逼人。兽蹄鸟迹之道,交于中国。"

单纯的以"堵"为基础的方法已经难以保障氏族部落的安全和农业生产,所以"九载,绩用弗成"。

子承父志的禹吸取了鲧治水的经验教训,根据水往低处流的特性,采取了疏导的方法因势利导将洪水疏导入海。《史记·夏本纪》描述,禹"决九川致四海,浚畎浍致之川","疏九河,瀹济漯,而注诸海;决汝汉,排淮泗,而注之江"(《孟子·滕文公上》)。大禹治水呕心沥血,以身作则,"身执耒臿以为民先"。《史记·夏本纪》说禹"居外十三年,过家门不敢入",《孟子·滕文公上》"禹八年于外,三过其门而不入"。无论是"十三年"还是"八年",都说明了大禹为治水栉风沐雨,不顾风雨,辛苦奔波。大禹不仅平治了洪水,也因此成为世代称颂的治水英雄。

2.1.2 远古祭祀

奴隶社会,畜牧业从农业中分离出来,我国还处于青铜器时代,生产工具落后,农业开发的强度极低,因此对环境的破坏极低,加之居住在黄河泛滥平原上的人口不多,又由于记录条件的限制,因此史籍中关于洪水肆虐的记载极少。然而因为思想的落后,发大水时"媚求神佑",用人和牲畜做祭品的事屡见不鲜。商代曾有"沉五牛""沉妾"(女奴隶)来祭祀,祈求保佑的记录。更有甚者,将洪水说成是河神显灵,借此坑骗钱财,残害人命。思想的落后,对自然运动的极度畏惧,不仅体现在祭河上,更将国家的命运与之相联系。周幽王二年(公元前780年),黄河的三条支流泾、洛、渭流域发生地震,岐山震崩,川源因阻塞而干枯,周朝大夫认为这是国家将要灭亡的征兆,就像伊水、洛水断流而夏桀亡国,黄河断流而殷商亡国一样。因此"三川竭,岐山崩"被视为国家存亡的大事。

2.1.3 农田水利工程与航运

原始农业时代人们就已经意识到灌溉对农业的重要性,春秋战国时期,黄河流域出现了较早的灌溉工程,并且兴建了一些大型水利工程。船只很早就被用为水上交通运输工具,黄河水系的航运更是历史悠久。战国时期出现了强大的甚至能将黄河与淮河沟通起来的鸿沟水系。此水系不仅可以用于行舟运输,也可以灌溉两岸农田,沿着这一水系更是新兴了一批重要的城市。

战国初期修建的漳水十二渠是黄河流域出现较早的灌溉工程,兴建于魏文侯二十五年(公元前422年)。据《史记·滑稽列传》记载,"西门豹即发民凿十二渠,引河水灌民田,田皆溉",西门豹以漳水为源,共建12条渠道。漳水浑浊多泥沙,两岸农田因此变得肥沃,农业产量大大提高。

秦的郑国渠,是最早在关中修建的大型水利工程,它本是一项旨在拖垮秦前进步伐的"疲秦"间谍工程,但它的修建却实实在在惠泽了秦人,为秦的统一大业打下了坚实的基础。郑国渠利用关中平原西北略高,东南略低的特点,以泾水为水源,其干渠分布在灌溉区最高地带,形成了全部自流灌溉的情形,并最大限度地控制了灌溉面积。泾水是一条著名的多沙河流,素有"泾水一石,其泥数斗"的说法,郑国渠修成后,多泥沙的泾水改造了大面积的盐碱地,增加了土壤的肥力,大大提高了农业产量,使原本贫瘠的关中变得富庶一方,为秦统一天下提供了坚实的后盾。因此有"泾水一石,其泥数斗,且溉且粪,长我禾黍。衣食京师,亿万之口"的美赞(《汉书·沟洫志》)。

魏惠王十年(公元前360年)开始修凿鸿沟,是最早沟通黄河和淮河的人工运河。它一直是黄河和淮河间的主要水运交通路线之一。鸿沟曾两次兴工开凿,第一次是在魏惠王十年(公元前360年),在黄河以南开凿一条北引河水南行的大沟,引黄河水入圃田。第二次是魏惠王三十一年(公元前339年),在大梁城北开凿大沟引圃田水东流。它把淮河与黄河之间的济、汴、濮、颖、睢、涡、泗、汝、菏等主要河道沟通起来,形成了一个完整的水道系统,称之为鸿沟水系,它以鸿沟作为主干,其他自然河道为分支。它向南通过淮河和邗沟贯通长江;向东沟通济水和泗水,并可以沿济水而下与淄济运河相通;向北沟通黄河,溯黄河之水向西可与洛河和渭水连通,河南因此成为全国水路交通网络的核心地区。鸿沟水系促进了黄河流域经济的发展,加强了其与长江中下游地区吴楚等地的经济与文化的交流,促进了黄河流域与周边区域的文化融合。史念海先生甚至认为鸿沟水系的建成,滋生了人们追求统一国家的思想观念的萌芽,而荀子所提出的"四海之内若一家"的观念主张,就是其具体的体现(郦道元,2007)。历史上有名的"楚河汉界"也与鸿沟有关,据《史记》记载"鸿沟而西者为汉,鸿沟而东者为楚"。

2.1.4 堤防建设

先有共工的"障",后有大禹的"疏"。"障"是用土石等修一些简单的堤埝来堵洪水,只有当洪水不大时才能起作用,"疏"可以因势利导,增加河道的输水泄洪能力,既然是疏导洪水,必然也会修建堤岸,不然也不能有效约束洪水,特别是不能有效利用洪水。到了春秋时期各个诸侯国纷纷加强堤防的建设,修建堤防最主要的是为了抵御洪水,也有军事需要。以邻为壑,以水代兵,人为决堤的事时有发生。《史记·赵世家》记载赵肃侯十八年(公元前332年)齐、魏联合起来攻打赵国,赵国决黄河水灌之,使得齐、魏退兵。《史记·秦始皇本纪》记载秦王政二十二年(公元前225年)秦将王贲,率军攻打魏国,引河水灌入大梁,致使大梁城遭到破坏,魏王请降。利用堤防而给别国带来深重灾难的事时有发生,以至于各国之间不得不共同遵守"无曲防"的约定。到了战国时期堤防建设已具有了相当的规模。

战国时期的堤防还是各国各自为政,以各诸侯国的利益为第一位,不顾甚至会有意损害邻国利益,直到秦统一后,才对堤防进行了整治,《史记》中记载秦始皇命令"决通川防,夷去险阻",即将妨碍水流的堤防和建筑拆掉,将各国的堤防连接起来。直到今天,堤防建设仍是防御洪水的重要手段之一。

从春秋时期开始,各个诸侯国为了经济和政治的发展非常重视堤防的建设,堤防的发展促进了农业的发展,稳定了人们的生活,但同时由于黄河自古就是一条多沙河流,堤防约束了洪水,同时也带来了泥沙的淤积,河床不断抬高,终有一天会突破堤防的约束,另辟蹊径。据《汉书·沟洫志》载,周"定王五年河徙",这一年发生了一场特大而罕见的大洪水。一般认为,这次大洪水造成了有记载的自大禹治水1000余年以来黄河第一次大改道。此后这条河道一直维持到西汉,历经600多年,称为"西汉故道"。

2.2 封建社会

2.2.1 西汉和东汉

两汉,不仅是中国封建社会发展的重要历史阶段,在黄河发展史上也具有举足轻重的地位。黄河之称最早出现在汉代,《史记·高祖功臣侯者年表》引汉高祖封爵之誓曰:"使黄河如带,泰山若厉,国以永宁,爰及苗裔。"科技的进步带动了水利技术的发展,漕运、灌溉工程、堤防建设和治河技术和理论都得到长足发展。

在一片繁荣之下,黄河自身河道的剧烈变化以及人为治理不当也带来了严重的河患。汉文帝十二年(公元前168年),黄河在酸枣决口,据《史记·封禅书》记载"今河溢通泗",泗水是淮河的主要支流之一,这是有记载的黄河泛淮之始。之后汉武帝元光三年(公元前132年)五月间,黄河再次泛淮,《史记·河渠书》载"河决于瓠子,东南注钜野,通于淮、泗"。当年堵口失败,此次决口,危害巨大,人民深受其苦,《史记·河渠书》记载"自河决瓠子后二十余岁,岁因以数不登,而梁、楚之地尤甚",《汉书》亦有云"乃岁不登数年,人或相食,方二三千里"。然而,汉武帝因把国家资财主要投入北击匈奴、通西南夷道以及穿凿漕渠等兴利事业上(段伟,2004),加上汉武帝借口"然河乃大禹之所道也,圣人作事,为万世功,通于神明,恐难改更"。重"堵"不重"导",以及材料匮乏和技术难题(蔡应坤,2006),导致黄河决口20余年未能堵塞。听信丞相田蚡谗言也是一个重要因素。田蚡因其封地在鄃,位于黄河北岸,黄河决口南流后鄃就没有水患威胁,收成自然就多。于是他上奏"江河之决皆天事,未易以人力为强塞,塞之未必应天",并勾结方士"望气用数者亦以为然。于是天子久之不事复塞也"(《史记·河渠书》)。汉武帝听信了田蚡和方士的谗言,对决口置之不理,使河患日益加重,民不聊生。直到元封二年(公元前109年)堵塞,水患长达20余年。

更有因一己之私而致河患于不顾的。《汉书·王莽传》记载:新莽始建国三年(11年),"河决魏郡,泛清河以东数郡。先是,莽恐河决为元城冢墓害。及决东去,元城不忧水,故遂不堤塞"。为了在元城的祖坟不受水患威胁,就不主张堵口,任由水患持续了近60年,造成了黄河第二次大改道,给百姓带了了深重的苦难,直至东汉明帝永平十二年(69 年),才由王景予以彻底治理。

2.2.1.1　农田水利灌溉工程

两汉时期,重农抑商,大力发展以农业为主的封建经济,灌溉工程有了相当规模的发展,对促进当时社会经济的繁荣发展起到了重要作用。

(1)白渠

白渠,因人而得此名。汉武帝太始二年(公元前 95 年),根据赵中大夫白公的建议,贯通渠道引入泾水,自谷口起,经过泾阳、三原、高陵等县,注入渭水,长 200 里,灌溉农田 4500 多顷。白渠在郑国渠之南,走向大体相同,工程建成后,有效改善了土壤的肥力,当时留下这样一首歌谣:"田于何所? 池阳、谷口。郑国在前,白渠起后。举臿为云,决渠为雨。泾水一石,其泥数斗。且溉且粪,长我禾黍。衣食京师,亿万之口。"(《汉书·沟洫志》)之后白渠和郑国渠合称郑白渠,到了唐代,郑国渠被完全废弃,白渠成为关中地区灌溉的主要渠道,此时白渠分为三条支渠,即太白渠、中白渠和南白渠,又称三白渠,唐永徽年间(650—655 年)灌溉总面积曾达 1 万多顷。

(2)龙首渠

大约在汉武帝元狩至元鼎年间(公元前 122 年—公元前 111 年),庄熊罴建议自关中徵县(今澄城县)开渠,引洛水南至临晋(今大荔县)境以灌田。渠道要穿越商颜山,由于此山高 40 余丈,黄土覆盖,渠岸易崩,于是改明渠为井渠施工法,由此开创了后代隧洞竖井施工法的先河。在施工中掘出恐龙化石,因而渠道叫作龙首渠。然后此渠经过 10 余年的施工,开通后并未发挥预期的效益,司马迁称"作之十余岁,渠颇通,犹未得其饶"(《史记·河渠书》)。龙首渠是中国历史上在地下修建的第一条水渠,同时也首创了中国历史上开发洛河水利的工程。

（3）六辅渠

继龙首渠之后，汉武帝元鼎六年（公元前 111 年）左内史儿宽在泾河下游兴修六辅渠。据《汉书·儿宽传》颜师古注：六辅渠"于郑国渠上流南岸，更开六道小渠，以辅助灌溉耳"。主要是为了扩大郑国渠旁边高地的灌溉面积，渠成之后，儿宽制定了灌溉用水的法规——"水令"，以扩大灌溉效益。

2.2.1.2 著名治水人物及主张

随着生产力的发展，科技水平的提高，两汉时期治河技术和理论都得到了长足的发展，出现了一批著名的治河人物和治河论说，这些治河理论不仅对当时的黄河治理和利用具有指导意义，对之后出现的治河理论也具有深远的影响。

（1）贾让三策

西汉时期提出最完整的治河思想的是贾让，他的"治河三策"是我国治黄史上第一个除害兴利的规划，分"上、中、下"三策。上策——"徙冀州之民当水冲者，决黎阳遮害亭，放河使北入海。河，西薄大山，东薄金堤，势不能远泛滥，期月自定"（《汉书·沟洫志》）。这是一个人工改河的设想，针对当时黄河已成悬河的形势，在遮害亭一带掘堤，使黄河北上，不与水争地。因改河就要迁移冀州当地的居民，"败坏城郭、田庐、冢墓以万数"，因此贾让主张策划治河工费用于安置改道的移民，这是首次提出的经济补偿的概念。贾让认为此策"大汉方制万里，岂其与水争咫尺之地哉？此功一立，河定民安，千载无患，故谓之上策"（《汉书·沟洫志》）。中策——"多穿漕渠于冀州地，使民得以溉田，分杀水怒"（《汉书·沟洫志》）。贾让认为此策有三利，即"若有渠溉，则盐卤下湿，填淤加肥；故种禾麦，更为粳稻，高田五倍，下田十倍；转漕舟船之便"(《汉书·沟洫志》)。在冀州穿渠，既可分洪又可灌溉农田、改良土地、方便航运，这其实是分疏治水的方法。贾让以为此策"富国安民，兴利除害，支数百岁，故谓之中策"(《汉书·沟洫志》)。下策——"缮完故堤，增卑倍薄"(《汉书·沟洫志》)。如果以上两策没有被采纳，对原有的河道进行修修补补，后果必然是"劳费无已，数逢其害，此最下策也"(《汉书·沟洫志》)。

西汉时期黄河多泛滥，特别是武帝和成帝期间，随着治河实践和治河经验的不断累积和深入，除了贾让提出比较完整的三策治河思想外，各种治河思想在这一时期也比较活跃。

（2）改河主张

除了贾让在上策中提出过让河改道的主张外，汉武帝太始二年(公元前95年)齐人延年提出："河出昆仑，经中国，注勃海，是其地势西北高而东南下也。可案图书，观地形，令水工准高下，开大河上领，出之胡中，东注之海。"(《汉书·沟洫志》)这条意见系指从内蒙古河套一带让黄河改道东流入海，是我国最早提出的黄河人工改道的建议，不过却未付诸实施。西汉的孙禁也曾提出过改河的主张。汉成帝鸿嘉四年(公元前17年)黄河水灾，"勃海、清河、信都河水溢溢，灌县邑三十一，败官亭、民舍四万余所"(《汉书·沟洫志》)。孙禁查看水灾，提出让黄河改道笃马河入海，黄河从这里入海的话流程短，而且水流顺畅，勃海、清河、信都三地将不再泛滥。而河水泛滥过的地方，干涸之后将会变的肥美，足以补偿因改河造成的损失，还可节省修筑堤防的大量人力。此想法虽然可行，但却遭到了另一位大臣许商的否定而没能实施。

（3）张戎"以水排沙"

在明朝潘季驯提出完整的"筑堤束水，以水攻沙"理论之前，王莽时期的大司马史张戎已经提出了"束水攻沙"的方略。据《汉书·沟洫志》载:汉平帝元始四年(4年),"大司马史长安张戎言:水性就下,行疾则自刮除成空而稍深。河水重浊,号为一石水而六斗泥。今西方诸郡,以至京师东行,民皆引河、渭山川水溉田。春夏干燥,少水时也,故使河流迟,贮淤而稍浅;雨多水暴至,则溢决。而国家数堤塞之,稍益高于平地,犹筑垣而居水也。可各顺从其性,毋复灌溉,则百川流行,水道自利,无溢决之害矣。"张戎在2000多年前就已经认识到黄河泥沙的危害性和水沙的关系。根据黄河泥沙多的特点,提出如果在枯水的春季时期,上、中游引水灌溉过多,会导致分水过多,使得水流速减缓,那样泥沙就会淤积在下游河道,因而有决溢之患;如停止灌溉,高筑数堤以居水,可保持水流自身挟带泥沙的能力,有利于排沙入海。这是有史记载以来关于黄河水与沙的关系以及利用水力冲沙思想的首次记载。

(4)王景治河

西汉末年,黄河和汴河决口,期间的帝王因各种原因疏于治理,致使水患持续了近60年,使国家和人民深受其害。直到汉明帝时期才由王景和王吴合力修渠治河成功。《后汉书·王景传》记载:"永平十二年,夏,帝遂发卒数十万,遣景与王吴修渠筑堤,自荥阳东至千乘海口千余里。景乃商度地势,凿山阜,破砥绩,直截沟涧,防遏冲要,疏决壅积,十里立一水门,令更相洄注,无复溃漏之患。"《后汉书·明帝记》记载"今既筑堤,理渠,绝水,立门,河汴分流,复其旧迹"。由此可知,王景治河主要有两步。一是筑堤:修筑从濮阳城南到渤海千乘的千余里黄河大堤,为黄河选择了一条比较合理的行水路线。二是理渠:整治了汴渠渠道,河汴分流。王景筑堤后的黄河安澜了800多年没有发生大的改道事件,决溢的次数也不多,故有王景治河千年无患之说。近代著名水利专家李仪祉对王景评价颇高"中国治河历史虽有数千年,而后汉王景外,俱未可言治"。王景治河中提出"十里立一水门,令更相洄注",因史料记载过于简练,使得后人对其有多种解释。清朝的魏源觉得是沿着黄河大堤每10里的地方立水门一座。民国的李仪祉认为是沿着汴渠每10里立水门一座,武同举以为是汴渠上有两处相距10里的引黄水门(吴君勉,1942)。不过近年来的研究,学者们认为:在沿黄河、汴渠大堤每10里的地方立一座水门,从条件、工程量以及施工时间来说,可能性较小,而且也完全没有必要。可能性最大的情况是在汴渠引黄处修建各口门相隔10里左右的两处或多处引水口门,来适应上下变动的黄河主流情况,保证正常引水。"十里立一水门,令更相洄注"很多学者认为是王景治河理论最精彩的部分(方宗岱,1982)。刘鹗认为"立水门则浊水入,清水出,水入则作伐以护堤,水出则留淤以厚堰,相洄注则河涨水分,河消水合,水分则盛汛无漫溢之忧,水合则落槽有淘攻之力"(《再续行水金鉴》卷一百五十八引《山东治河续说》)。李仪祉也引用德国人恩格斯的话"正因洪水漫滩,淀其泥沙后,复入河槽,故能刷深较多也,其理与王景不谋而合"。也有学者认为王景治河正是实践了贾让治河三策中的"上策"(刘传鹏,牟玉玮,包锡成,1981),采取了"宽河固堤",黄河因此"河定民安,千载无患"。

2.2.2 魏晋南北朝

魏晋南北朝时期是中国历史上政权更替最频繁,甚至有多国并立的大动乱时代。在这样一个长期封建割据又战争连绵的时代中,中华大地的诸多经济、文化和人类生活都大受影响,治黄事业和水利活动也在其中。对黄患和治黄事业以及水利活动的记载也相对较少。

魏晋南北朝时期,虽然治黄事业随着政权的动荡更替曲折迂回地推进着,但当政权相对稳定时,当权者还是很注重兴修水利,发展农业。例如曹魏政权对屯田的重视,在关中和黄淮之间积极修建了一批水利工程。这一举措恢复并提高了农业生产,为政权的巩固和日后的壮大奠定了基础。北魏的统一也带来了发展农业和兴修引黄灌溉工程的小高潮。

魏晋南北朝时期,由于战乱的影响,水运的重要性尤为突出。各政权先后在黄河两岸开凿了不少人工运河,进一步沟通黄淮之间的水路联运体系,使得航运事业即使在战争频繁的时代也得到了进一步的发展。特别是曹魏政权时期,大力发展以黄河为中心的运渠,为曹操扫平群雄,统一北方以及日后西晋灭吴奠定了基础。

2.2.3 隋唐五代

隋代,虽然时间较短,但它结束了中华大地长期分裂割据的局面,并且完成了广通渠、通济渠和大运河等工程,在我国古代水利史上留下了不可磨灭的一页。隋代在京师所在地附近兴修了一批农田水利工程,灌溉用的河渠相当普遍,这对隋代农业的发展起到了相当大的促进作用。

唐朝初期,政治清明、社会稳定,治黄事业以及农田水利事业和漕运都得到了蓬勃的发展。安史之乱之后,随着藩镇割据局面的出现,各项治黄事业都开始走下坡路。

隋代虽然没有关于黄河决溢的记载,但关于大水的资料却不少,关于唐代大水的记载更多,五代时河患更加严重。唐到五代,都出现过人为决口的事件,甚至因为五代时期,政权更替频繁,统治者之间相互攻伐,以水代兵事件不断出现。唐肃宗乾元二年(759年),"逆党史思明侵河南,守将李铣于长清县界边家口决大河,东至(禹城)县,因而沦溺"(《太平寰宇记·齐州·禹城县》)。唐昭宗乾宁三年(896年),"夏,四月,辛酉,河涨,将毁滑州城",砾全忠命决为二河,夹滑城而东,为害滋甚。(《资治通鉴》卷二百六十)。在所有的人为决河中,只有此次是为了治河而决口。

2.2.3.1 航运事业

隋代对中国古代航运事业的发展做出了不可磨灭的贡献。世界最长的运河,是中国的南北古运河,为隋炀帝时开凿,北起北京南至杭州,全长2700千米,沟通了海河、黄河、淮河、长江与钱塘江五大水系。隋朝大运河由永济渠、通济渠、邗沟和江南河四段组成,把已有河道和古运河连接起来。隋炀帝先是开挖通济渠,从洛阳引谷水、洛水入黄河,再引黄河水入淮河,沟通了洛水、黄河和淮河。同年加宽和疏通了春秋时期由吴王夫差开凿的古邗沟,连通了淮河和长江,这样从洛阳到江南就可以走水路。3年后,从洛阳的黄河北岸到涿郡(今北京)南挖永济渠。2年后疏通江南河,可从江都对面的京口直抵余杭(今浙江杭州)。动用了500余万民工,历时6年,全线贯通大运河,成为我国南北交通大动脉。

作为古代世界上伟大的工程之一,大运河的开通方便了交通和南粮北运,促进了南北联系和文化传播、文化融合,有利于巩固统治和发展经济。同时两岸一批码头和城镇也随之发展繁荣起来,出现了扬州、西安、北京这样的三大世界都市。大运河还加快了中国对外的国际交流,促进了海上丝绸之路和内陆丝绸之路的发展,成了沟通亚洲丝绸之路的重要交通纽带。它体现了隋炀帝高瞻远瞩的眼光、宏伟的雄心壮志和过人的胆略,以及果敢的行动力;体现了古代劳动人民的血汗、智慧与创造力,是古代文明的奇迹,更是中华文明的象征。大运河对隋以后的朝代也有着重要意义和深远影响,此后的历代王朝都十分看中大运河南北大动脉的作用,十分重视对大运河的疏浚和改造,至今这条大运河仍然发挥着积极的功效,造福着人民。

唐代继续重视航运的发展,唐中叶后全国经济中心南移,由原来的黄河中下游地区转移到长江中下游地区。都城的物资大量依赖南方的供给,航运成为生命线。而且随着中央机构的迅速扩大,人口的急剧增加,关中的生产已经远远不能满足都城的需求,此时沟通南北的大运河的地位愈来愈凸显。唐后期,黄河流域和长江流域经济发展更为悬殊,唐王朝对南方财赋依赖越来越大,大运河中沟通黄河与淮河的通济渠(即汴河)的地位尤为重要。加上唐代对漕运制度进行了改革,即在各个水运节点设置粮仓,分段运输。汴州(即开封)处于汴水的咽喉位置,开始作为大运河的中转点,其水运枢纽的地位越来越重要。唐末至五代,各独立政权的攻伐使得漕运基本处于停顿状态,直至后周政权建立后才逐渐恢复。

2.2.3.2 农田水利事业

隋王朝注重发展农业经济,在关中和周围地区兴修了一批农田水利工程。这些水利工程不仅富庶了农田,更对隋政权的巩固起到了促进作用。唐代,是一个经济繁荣的时代,水利灌溉和漕运都很蓬勃。唐政府非常重视在农田水利方面对水车的使用,政府会选定水车式样规格,再由京兆府制造发放使用。据《旧唐书》记载,唐文宗大(太)和二年(828年)闰三月,朝廷曾"出水车样,令京兆府造水车,散给缘郑白渠百姓,以溉水田"。这种用水力推动的提水机械在黄河流域被广为使用。从唐初到唐玄宗天宝年间,农田水利事业经历了一个大发展时期,安史之乱后水利事业逐渐走向衰落。

2.2.4 北宋

北宋是中国古代历史上经济、文化、科技都高度文明和繁荣的时代,同时也是黄河河道变迁剧烈、河患频繁的时代,加上辽、西夏、女真等少数民族的日益强大对宋王朝造成了致命的威胁,也对黄河的治理产生了举足轻重的影响。值得肯定的是,宋王朝从皇帝到大臣都对黄河的治理相当重视,治河措施和河工技术也有了很大的提高,宋朝还大兴水利,注重利用河水冲刷形成的淤泥、淤田来增加耕地面积。

2.2.4.1 东流和北流之争

北宋时期,河道变迁十分剧烈,决溢超过了之前的朝代,黄河的灾害大大超越前代。因北宋皇城处于黄河下游,宋王朝对黄河的治理相当重视。北宋关于黄河最引人关注的就是东流和北流之争,共有三次大规模的讨论。

北宋初期,由于已有的"黄河故道"已行河很久,河床淤积严重,导致河患频繁发生。期间宋仁宗景祐元年(1034 年)七月,"河决澶州(今河南濮阳)横陇埽"。庆历元年(1041 年)皇帝下诏暂停修决河,从此"久不堵复"(《宋史·河渠志》)。黄河于澶州横陇决口后冲出的新河道经聊城、高唐一带流于唐大河之北分数支入海。宋人称之为"横陇故道"。此河道行河时间不长,庆历八年(1048 年)"六月癸酉,河决商胡埽(今河南濮阳境)"(《宋史·河渠志》)。决堤的河水大致流经今大名、清河、馆陶、衡水、枣强、青县,在天津附近入海,形成黄河又一次大改道,这是黄河有史以来第三次大改道,宋朝称其为"北流"。嘉祐元年(1056 年),"塞商胡北流,入六塔河,不能容",第一次回河失败。嘉祐五年(1060 年)《宋史·河渠志》称:是年"河流派别于魏之第六埽"(在今河北省大名县境)。即黄河向东分出一道支河,名"二股河",为与"北流"有区别,宋代称二股河为"东流"。宋神宗熙宁二年(1069 年),司马光督修二股河,北流渐渐断流,全河东注,此为第二次回河。但河在当年又东决,此后屡治屡决。哲宗绍圣元年(1094 年)春,堵塞阚村以下口门,北流断绝,全河之水,东回故道。此为第三次回河,可惜仍以失败告终。元符二年(1099 年)六月,"河决内黄口",东流复断,河又恢复北流,北宋前后回河之争达 80 年,至此结束。

2.2.4.2　治河措施与河工技术的发展

北宋时期,因宋王朝对黄河治理的重视,治河措施和河工技术都取得了可贵的发展。乾德五年(967 年)正月,宋太祖赵匡胤派遣使者巡视黄河,并且发动当地壮丁修治大堤。在这之后,每年正月惯例都会开始筹备修治动工,到春季完成修治。黄河下游由此开始"岁修"制度。据《宋史·河渠志》载:宋真宗大中祥符八年(1015 年)"六月沼:自今后汴水添涨及七尺五寸,即遣禁兵三千,沿河防护"。这是我国最早的关于制定"警戒水位"的记载。据《宋史·河渠志》载:"汜水出玉仙山,索水出嵩渚山,合洛水,积其广深,得二千一百三十六尺,视今汴流尚赢九百七十四尺。以河、洛湍缓不同,得其赢余,可以相补。"这是中国水利史上第一次提出以水流速度和河流断面面积来估算河流流量的概念。据《中国水利史纲要》记载,从宋神宗元丰元年(1078 年)开始已经使用"水历"的概念记录水位。据《宋史·河渠志》载:宋哲宗元祐元年(1086 年)十一月,讲议官皆言,"(王)令图、(张)问相度开河,取水入孙村口还复故道处,测量得流分尺寸,取引不过,其说难行"。黄河孙村口测流是对估算流量的方法加以实际运用的记述。宋人通过长期对河水涨落的观察进一步认识到河水依季节涨落不同。他们根据植物生长的过程和有关时令,来确定各种来水的名称。举物候为水势之名,并描述了黄河 1 年之内水位涨落过程的规律。

宋时黄河灾害频繁发生,人们与河患作斗争的经验比较丰富,宋代黄河卷埽工又进一步发展。选择宽而平的一处地面为埽场,埽场上密布绳索,在绳索上铺一层柳树枝或榆树枝的软料,压上一层土,掺以碎石,再将大竹绳横穿其中,称为"心索"。"卷而束之……其高至数丈,其长倍之"(《宋史》),一般用民夫数百或千人,应号齐推于堤岸卑薄之处,谓之"埽岸"。推下之后,将竹心索系于堤岸的桩橛上,并自上而下在埽上打进木桩,直透河底,把埽固定起来。埽工在北宋一代极为普遍。北宋时期,普遍采用了埽工护岸,并设置专人管理,以某地命名的埽工,实际上已成为险工的名称。

2.2.5　金元

由女真族建立的政权金统治着黄河流域和北方大部分地区,与南迁至江南的宋室形成南北对峙,之后崛起于漠北草原的蒙古族联合南宋灭金,蒙古族之后又灭了南宋,建立大一统的元朝。金初的黄河河道也是相当不稳定的,金太宗天会六年(1128 年)冬,金兵南下,宋代东京留守杜充"决黄河,自泗入淮,以阻金兵"(《宋史》)。黄河自此南流,经过河南和山东之间,在今天的山东巨野、嘉祥一带汇入淮河,造成黄河长期夺淮的局面,这也是黄河第四次重大改道。其后黄河分出几股岔流,河道变迁不定。

金元虽都为少数民族所统治,但都相当重视农田水利事业以及对黄患的治理。特别是元代,出现了像贾鲁、郭守敬这样的治水名臣。据《元史·河源附录》记载,元世祖忽必烈曾派遣都实进行了中国历史上第一次对黄河源的大规模考察。元人还编集了一批有关治河的著作,为后人研究治黄提供了宝贵的经验。金元两代重视河防制度,加强了河防责任制的建设。章宗泰和二年(1202 年),颁布《河防令》11 条,它是现存最早的较为完整的河防令。

2.2.5.1　农田水利工程与开凿大运河

北宋以来多年战乱致使大量原有的农田灌溉工程遭到了破

坏,元代对部分河渠进行了修复,使得一些灌区得到了恢复。1240年,即元太宗十二年,修复了三白渠;世祖中统二年(1261年)开沁河渠。元世祖至元元年(1264年)郭守敬随同中书左丞张文谦赴宁夏银川等地,修复了"古渠在中兴者,一名唐徕,一名汉延,……它州正渠十,……支渠大小六十八,灌田九万余顷"(《元史·列传》)。元世祖统治期间还开凿了利泽渠、善利渠和大泽渠。经过一系列的修复和开凿工程,黄河流域灌区得到恢复并获得新生。

元和以往的朝代一样,物资主要依赖江南的供给。因此开凿一条贯通南北的水道显得尤为重要。至元十二年(1275年)郭守敬勘测卫、泗、汶、济等河,规划运河河道,测量黄河故道地形,他在此时首次提出了"海拔"的概念,并首创了以海平面为水准测量的基准面,对于测量事业的发展具有十分重要的意义。据《元史·河渠志》记载,从世祖至元十九年(1282年)济宁至安山的济州河开始开凿,到至元二十六年(1289年)对安山至临清的会通河进行开凿,由此沟通了济州河和御河,船只可以从杭州直接到达通州;从至元二十九年(1292年)春季开始动工开凿通州至大都的通惠河,到至元三十年(1293年)秋季完工。人们试图开辟一条由大都往南,跨过黄河、淮河、长江到达江南的南北大运河。为了维持一定通航水深和调济水量,沿河立有许多闸坝,并建有一系列用于观测水位的、作为各闸起闭依据的"水则"。

2.2.5.2 贾鲁治河

元顺帝至正四年(1344年)5月,黄河在白茅口决口,6月又北决金堤,造成黄河泛滥,时间长达7年之久,危害甚大。至正十一年(1351年)四月,贾鲁被诏命以工部尚书为总治河防使,兴役堵口治河。此次治河整个工程计共190天,从至正十一年(1351年)

四月开工,七月完成疏凿工程,八月决水归故道,九月通行舟楫,并开始堵口工程,十一月土木工完毕,各种堵堤建成,黄河复入故道。贾鲁堵口采取疏、浚、塞并举的措施,整治黄河故道,疏浚减水河,堵塞大小缺口,修筑堤防,使用石船大堤堵塞决河,堵塞白茅决口。黄河归故后,自曹州以下至徐州河道,史称"贾鲁河"。据统计,贾鲁堵口动用军民人夫 20 万,动用大木桩2.7万根,杂草等 733 万多束,榆柳杂梢 66 万多斤,碎石 2000 船,铁缆、铁锚等物不计其数。工程费用共计 184.5 万多锭(元中统钞)。工程规模之浩大,工程耗资之可观,在封建时代治河史上罕见。

2.2.6　明朝

2.2.6.1　农田水利事业

明太祖朱元璋为了恢复农业生产,十分重视农田水利建设。洪武三年(1370 年)河州卫指挥使兼领宁夏卫事宁正修筑汉、唐期间的旧渠,引河水灌溉农田数万顷。洪武七年(1374 年),山西清源县姚村、北邵等村乡民开广利(济)渠,引汾水灌溉太原高家、王吴堡与清源南北云支村土地,这是汾河中游干流最早的引汾灌溉工程。汾河流域在明代的农田水利工程均有较大发展,兴修了相当一批中小型水利工程,开凿渠道 20 多条。洪武八年(1375 年)明太祖"命长兴侯耿炳文浚泾阳洪渠堰,溉泾阳、三原、醴泉、高陵、临潼田二百余里"(《明史》)。

正统四年(1439 年),宁夏巡抚都御史金濂发动 4 万民夫对境内七星、汉伯、石灰三渠渠道进行疏浚,"溉芜田千三百余顷"。由都御史项忠于明宪宗成化元年(1465 年)主持兴修,直到成化十八年(1482 年)才由副都御史阮勤完成全部工程的广惠渠,"溉五县田八千余顷"。成化二十一年(1485 年)当地人在甘肃平凉、泾川一带利用泾水及其支流,开利民渠,"可灌田三千顷有奇"(《明史》)。

嘉靖四十五年(1566年)曾任云南御史的段续,回到兰州后仿效西南各省用竹筒车提水灌溉的方法,在兰州广武门外改造出木质天车用以提河水灌田,之后沿河的人们竞相仿制。

黄河流域古老灌区之一的河南引沁灌区,曾多次被整修重浚,明代称为"广济渠"。

2.2.6.2 南北大运河与漕运

明代,特别是明成祖朱棣称帝后,也非常依赖江南物质的供给,因此十分看重沟通南北的大运河。明代的大运河跟元代的大体相同,会通河段是关键河段。

然而整个明代,黄河与大运河一直"纠缠不休",大运河的一部分以黄河为运道,漕运既需要假借黄河来补给运道,又担心运道遭受黄河决口或者淤塞的威胁,因此"遏黄保运"和"引黄济运"成为明人治河最为纠结和棘手的问题。于是乎明人想到另开新河,避黄河之险,使得漕运得到了极大改善。

2.2.6.3 著名治河人物

明代记载了大量关于黄河的史料,治河活动大为增加,且由于"保漕"和"护陵"的需要,形成了明代治水的特殊的特点。在错综复杂的治河活动中出现了一批以潘季驯为杰出代表的著名治水人物。

（1）万恭

隆庆六年(1572年)正月,万恭以兵部左侍郎总理河道,他与工部尚书朱衡一起,大修徐州至邳州的河堤,使"正河安流,运道大通"。万恭最为著名的是他对黄河水沙关系的认识。他在万历元年(1573年)著成了《治水筌蹄》一书,总结了长久以来治理黄河的经验和教训,对黄河的特点和治河的措施提出了不少精辟见解。书中他阐述黄河问题的根本在于多泥沙,因此治理黄河时不宜分流,应利用水势冲淤,首次提出了筑堤束水冲沙深河。这一认识早于潘季驯,万恭可被称为我国"束水攻沙"理论的先驱。他说:"夫河性急,借其性而役其力,则可浅可深,治在吾掌耳","夫水专则急,分则缓;河急则通,缓则淤"。万恭深知水文情报的重要,《治水筌蹄》中还记述了用"塘马"(即驿站快马)传送水情的制度,"黄河盛发,照飞报边情,摆设塘马,上自潼关,下至宿迁,每三十里为一节,一日夜驰五百里,其行速于水汛。凡患害急缓,堤防善败,声息消长,总督者必先知之,而后血脉贯通,可从而理也"。

(2)潘季驯

潘季驯,明代最为著名的治理黄河的水利专家,一生曾四次出任总理河道都御史,主持治理黄河和运河事宜,是明代治河对后世影响最大的人物。他全面吸收和总结了前人的治河经验,提出了对黄、淮、运进行综合治理的原则,"通漕于河,则治河即以治漕;会河于淮,则治淮即以治河;会河、淮而同入于海,则治河、淮即以治海"(《河防一览》)。他分析了黄河水沙的关系,提出了"束水攻沙""以河治河"的主张。他指出:"水分则势缓,势缓则沙停,沙停则河饱,……水合则势猛,势猛则沙刷,沙刷则河深,……筑堤束水,以水攻沙,水不奔溢于两旁,则必直刷乎河底。"(《河防一览》)他十分重视堤防的作用,把当时的堤防工作分为遥堤、缕堤、格堤、月堤四种,论述了四堤的不同作用,配合运用。潘季驯还提出了"蓄清刷黄"的主张。"清口乃黄淮交会之所,运道必经之处,……但欲其通利,须令全淮之水尽由此出,则力能敌黄,不为沙垫。偶遇黄水先发,淮水尚微,河沙逆上,不免浅阻。然黄退淮行,深复如故,不为害也。"(《河防一览》)他一方面主张修归仁堤阻止黄水南入洪泽湖,筑清浦以东至柳浦湾堤防不使黄水南侵;

另一方面又主张大筑高家堰,蓄全淮之水于洪泽湖内,抬高水位,使淮水全出清口,以敌黄河之强,不使黄水倒灌入湖。潘季驯将"束水攻沙""蓄清刷黄"的理论运用到治河的实践中,不仅使得整治后的河道行水畅通,更深深影响了后世治理黄河的思想和实践。世界水利泰斗、著名河工专家德国恩格斯教授也不禁叹服道:"潘氏分清遥堤之用为防溃,而缕堤之用为束水,为治导河流的一种方法,此点非常合理"。(郭涛,1983)

2.2.7　清代

清代与明代一样,仰仗江南的物资供给,治河还是以保漕为主。随着科技的进一步发展,以及治河经验的不断积累,清代防洪技术和农田水利工程都有了很大的发展。这一时期还出现了许多研究黄河、探讨治河和水利工程的书籍,不少人都在治河理论和治河方略上表达了自己独到的见解,出现了一批著名的治水人物。清代,不仅有清政府对黄河源进行了三次官方查勘,也有许多外国人对黄河源非常感兴趣,并进行了考察。清代后期河政腐败严重,加上清政府政治衰败,西方资本主义相继入侵,给治黄事业带来了巨大的影响。

2.2.7.1　农田水利工程

清代的农业水利事业发展较好。康熙四十五年(1706年)西路同知高士铎,扩整美利渠,从此这一河段进水充畅,以前500余顷荒废的农田又可以耕种。康熙四十七年(1708年)水利同知王全臣在宁夏开大清渠,"渠长七十五里,……并有支渠十余道,计可灌田一千二百一十三顷"(黄河网)。雍正四年(1726年),工部侍郎通智主持修建惠农渠。同年,他还利用六羊河故迹,修建了昌润渠工程。至此,宁夏灌区灌溉面积可达3735顷,形成了引黄灌溉的高潮。雍正九年(1731 年)通智大修了唐徕渠,将淤积的地方铲平,加厚薄的地方,垫高低地,扩宽狭窄处,且将尾梢引入西河,并在渠底埋准底石 12 块,每年清淤时一定要清除见到准底石为止。乾隆四十二年(1777 年)又在宁夏大修唐徕、汉延、大清、惠农及中卫、美利诸渠,使得宁夏这一历史悠久的灌区在清代发展到了前所未有的水平。

除了清朝官方修建沟渠以利农事外,民间开发河套的势头日进,一些有钱的包头地商也私开渠道。从乾隆朝以来,内地汉人不断到蒙旗河套地区开垦耕种,其中拥有资产较大的开荒者被称为"地商"。包头地商甄玉、魏羊两人在嘉庆年间就在内蒙古地区引河灌溉小片土地了。至道光八年(1828 年)他们得到朝廷特许,在临河缠金地开私渠,是为缠金渠。这就是河套灌区最早开挖的永济干渠的前身。这些地商越做越大,开垦的荒地阡陌相望,建成大小引水干渠数 10 条,可灌溉 100 余万亩田地。随着清朝政府将八大干渠在光绪三十一年(1905)全部收归官办,并逐一整修各个渠道,"塞者通之,浅者深之,短者长之,干者枝之"(黄河网)。但收归官办以后,民间开发河套的势头也就此一落千丈。

2.2.7.2 铜瓦厢决口

清朝咸丰五年(1855 年),黄河在今河南省兰考县北部铜瓦厢决口,这次决口改道不但结束了 700 多年来黄河南夺淮河入海的历史,而且形成了今天黄河下游的局面。

铜瓦厢决口后,由于清政府忙于镇压农民起义军,无暇顾及泛滥的河水,加上围绕是否堵复这一问题一直争论不休,未能对决口进行及时堵复。多年之后,决口口门已被冲刷达 20 里宽,旧河道淤塞严重,新河槽已渐渐形成,各地自行修筑的民埝初具规模,清政府在此基础上修筑新河大堤。至光绪十年(1884 年),相当完整的新河堤防已基本建立起来了,黄河流路也固定下来了。但初建的新黄河大堤质量并不高,高度和厚度都有待加强,加之新大堤是在民埝基础上修筑而来的,在布局上,上游堤距离宽,下游堤距窄,造成排水不畅,新河决溢频繁。

2.2.7.3 靳辅治河

靳辅与陈潢既是同僚,亦是朋友。靳辅对陈潢有知遇之恩,陈潢亦竭尽所能辅佐靳辅,两人同为清朝治河名臣。康熙十六年(1677年),靳辅任河道总督,从此开始了他波澜壮阔又跌宕起伏的治河生涯。靳辅受命之时,正是两河极坏之时。他上任后,两人随即投入实地调查研究中。调查有了深刻的认识和想法后,他在一天之内连上八疏,系统提出了对治理水患的全面规划,主张"审其全局,将河道运道为一体,彻首尾而合治之"(《靳文襄公奏疏》),要有全局观念,从整体上治理黄、淮、运。靳辅首先疏浚下游河道,创造性地采取了"疏浚筑堤"并举的方法。在清口至云梯关300里河道中,在故有河道内挖三道平行的新引河道,挖出的引河之土用于修筑两岸堤防,当水归正河后,一经冲刷,三道合而为一,河道迅速刷宽冲深,开通了大河入海之路,效果甚好。靳辅治河主要还是运用明代治河专家潘季驯的"束水攻沙"的方法,修筑束水堤。他在黄、淮、运两岸修整了千里长堤,从云梯关外到海口建束水堤1.8万余丈。为防止黄河下流决口,靳辅在上流建减水坝分洪。他还建议在宿迁、桃源、清河三县黄河北岸堤内开中河(亦即中运河),新河开成后,漕运可免黄河180里之险。为防止黄河内灌、运河垫高,靳辅改移南运口,在北运口开皂河,使漕运不再受阻,即使重运过境也无压力。靳辅筑江都漕堤,塞清水潭决口时所用银两远远低于其他大臣的预估。

靳辅治河虽然受到了当朝帝王康熙的支持,但是对他本人和其治河政策的争议就一直没有停过,他本人被褒奖过,也被免职过,几经起落。康熙二十七年(1688 年)朝中大臣郭琇、刘楷、陆祖修相继上疏弹劾靳辅。三月,康熙帝召靳辅与于成龙等廷辩。康熙虽看出于成龙不懂河务,弹劾内容皆有不实之处,但靳辅还是被革了职,以王新命代之,幕僚陈潢也随之遭祸。虽其后官复原位,恢复名誉,但因身体原因于康熙三十一年(1692 年)复任河督后逝世。康熙二十八年(1689 年)靳辅所著的《治河书》成书;乾隆三十二年(1767 年),崔应阶进行重编,改名《靳文襄公治河方略》,通称《治河方略》,张霭生收集整理的陈潢的治河理论所著的《河防述言》附于《河防方略》后,被一并流传。

2.3 民国

民国时期,中华大地也是战乱不断、民不聊生。军阀混战、帝国主义的侵略,使得河务事宜荒废败坏,河防工程残破不堪。政局不稳定,国家对治理黄河投入得不多,有限的治河经费经常无法被完全发放,还会被官吏贪污。由于内政的腐朽、帝国主义的侵略以及长年内战,黄河流域的水利事业发展得非常缓慢,甚至日渐衰落,黄河决口也较为频繁。传统优势灌区、宁夏灌区的灌溉面积和能力较之前都相差很多,渠道屡遭破坏和荒废,昔日良田渐渐荒芜。河套灌区虽然陆陆续续修了一些小型渠道,灌溉面积有所增加,但灌区长期遭到地方军阀的控制和破坏,加上缺乏合理规划,致使不少良田被荒废甚至淹没。关中地区的水利事业也一度衰败,虽然在著名水利专家李仪祉的倡导和主持下疏浚和兴修了不少水利工程,关中水利事业得到了复兴,但灌区总面积仍然低于历史水平。

这一时期,近代科技被用于治黄。黄河沿岸局部地区设立了水文站、雨量站,成立了测量组、测量局等来进行地形测量、水文测量、地质钻探等,绘制了黄河流域地形图,并且在外国专家的主持下进行了最早的河工试验,建立了自己的水工试验所等具有近代科技文明意义的治黄活动。

2.3.1 花园口决口

民国二十七年(1938年)的花园口决口是民国史上最为惨烈的黄河水患。国民党为了阻止日军进攻,下令掘开堤防,两次选点掘堤均未成功,最后终于在郑州花园口将河堤掘开,并连发六七十炮扩宽决口⋯⋯这次由国民政府一手造成的灾害,受灾面积之大,受灾人数之多,受灾程度之深,可以说是惨绝人寰的。花园口决口后,黄河水迅速下泄,而当时正值汛期雨季,黄河上游河水暴涨,花园口决口处很快被冲大,同时最初选址因淤塞决堤未成功的赵口也被大水冲开,两股洪水汇合后奔泄而下,整个黄泛区由西北至东南长达400余千米,影响了黄河下游河南、安徽和江苏等地,黄河由此改道南流。直到1947年复堵花园口后,黄河才回归北流,由垦利入海。

2.3.2 李仪祉

民国时期一批有识之士,注重近代科学技术的学习和传播。在治黄研究中,致力于把近代科技与黄河实际结合起来。李仪祉是其中最具有代表性的人物。

李仪祉在青年时代时曾两次留学德国学习西方先进科技。他与水利专家恩格斯教授相交甚密。李先生热心发展教育事业,非常重视西方先进水利科技的传播。他回国后参与创办了中国第一所高等水利专门学府,即有"中国水利人才摇篮"之称的河海工程专门学校,以及陕西水利道路工程专门学校和国立西北农林专科学校,并先后在北京大学、清华大学、西北大学、同济大学等高等学府任教。李先生热衷于介绍西方先进的科学技术,编译了一批国外科学论著,并于1916年编著了我国第一部通用水利基础教材《水功学》。在深入调查研究的基础上,总结了我国历代治黄的经验,并结合西方先进理念,撰写了40余篇关于黄河研究的论文和报告。

民国七年(1918年),李仪祉先生首次从事黄河实地研究,他受河海工程专门学校校主任许肇南的派遣,到河北、山东两省进行了黄河实况考察。民国十一年(1922年),李仪祉发表了著名的《黄河之根本治法商榷》,提出了以科学的态度和方法从事河工的必要性,分析了中国历代的治河方针以及黄河为害的缘由,提出了自己独到的治理黄河的主张。这篇文章对当时和以后的治黄工作产生了深远的影响。民国二十三年(1934年),时任黄河水利委员会委员长的李仪祉提出了以现代水利科学方法治理黄河的工作要点,制定出了《治理黄河工作纲要》。同年他发表了《黄河水文之研究》,这是研究黄河水文最早的重要科学论著(李国英,2002)。综合起来,李仪祉先生的治黄理念有以下几个方面:

① 注重近代先进的科学技术方法。他提出了粗沙和细沙的概念,明确指出了粗沙和细沙的来源。他注重对水沙的定量研究,采样进行悬移质泥沙颗粒分析。他重视河道模型试验的开展,不仅多次介绍德国水利专家恩格斯教授的河道模型试验技术,还联系和推动恩格斯教授在德国进行了两次黄河河道治理模型试验。李先生还致力于创建中国自己的水工试验所,在他和一群有识之士的积极推动和倡导下,1934年中国第一水工试验所在天津正式奠基。李先生还主张运用近代水利科技手段,在黄河

干支流上建立了不少水位站和水文站,设立黄河测量队,进行精密水准测量、河道测量和经纬度测定等。在泾惠渠建设期间,进行水文测验、流量测验、含沙量测验、雨量测验、温度和蒸发量测验。

② 将黄河下游"善淤、善决、善徙"的特点与上中游的水土流失问题联系起来,将黄河全流域地理实际情况整体考量,提出黄河统一治理上、中、下游的方略,把治理黄河的方略向前推进了一大步。在上中游植树造林,减少水土流失,同时在干支流建拦洪水库,蓄洪减沙,发展引黄灌溉;在下游整治河道以利洪水下泄,开辟减河蓄留过量洪水。

③ 综合大水利观下进行黄河全面治理。重视黄河发展与当地农、林、牧以及交通的关系。他继承和发扬了中国"农为政本,水为农本"的思想。他认为森林有涵养水源、防治洪水的作用。根据西北黄土坡岭的特点,提倡在西北广泛种植苜蓿,发展畜牧业。

④ 肯定堤防的作用,倡导科学筑堤。李仪祉先生积极固堤治滩,将护滩、固岸、筑堤综合起来整体考量,阐述了滩、岸、堤互为唇齿的关系。

2.4 现代

在中华人民共和国成立之初的一段时间内,人民建设热情高涨,以绝对的革命热情对待治黄事业,开展了一系列轰轰烈烈的治黄活动。随着科技的不断进步,新技术的不断应用,人类改造自然能力的极大提高,"人定胜天"的思想一度使我们在治黄发展中受到了一定的教训。现代,随着治黄新旧危机的纷纷出现,治黄理念由控制洪水转变为生态治黄,努力处理好人与水之间的关系,实行多目标、综合性工程和措施,积极利用非工程措施和遥感、地理信息系统、虚拟地理、现代通讯等科技手段是今后黄河治理的努力方向。

2.5　小结

黄河作为中华儿女的母亲河,一直恩养着神州大地,与此同时,中华儿女从远古时代开始就一直与黄河的变化无常进行着斗争,大致可以分为如下几个阶段:

从远古时期至先秦为黄河治理的萌芽时期。在这一时期,黄河提供了人们赖以生存的必要供养,因此此阶段人类对黄河更多的是依附关系。而生产工具和思想的落后、对自然变化的敬畏使得巫术和神鬼文化在治黄活动中烙有深刻的烙印。此时出现了著名的大禹分疏治水的传说。春秋战国时期农田水利工程以及航运事业渐渐开始发展,堤防建设在有效约束洪水方面显示出它的优越性。

在漫长的封建社会,治水理念和治水活动进入了渐进式发展。整体上随着生产力和生产工具的不断提高,人们掌控洪水的能力也随之增长,治黄理念也在不断提升。然而,治河思想和活动的发展不是一路稳步前进上升的,执政者的观念、王朝的更替、烽火战争都会影响它的发展,特别是每一个王朝的末期,亦或是政治腐朽,亦或是封建统治者疲于维持统治,往往对治河不够重视,各类治河活动停滞不前甚至出现倒退。这一阶段依然处于被动治黄阶段,对黄河的治理以避害趋利为主,防洪治洪是这一阶段最重要的任务,对黄河的各种开发和利用在这一时期也得到了长足的发展。

随着近现代水利相关学科的建立和发展,科技在理论、研究手段以及工程材料等方面的进步,使得人类治水的主动性和能力空前提高,治水活动蓬勃发展,大型水利枢纽工程相继上马,兴利除害是这一时期治黄事业的特点。兴利除害期可以细分为两个阶段:清末至民国,西方水利科技渐渐传入中国并对中国治水事业产生了影响,人们开始兴建大规模的工程以驯服自然力,但因为内外环境的艰难,水利事业总体发展非常缓慢;中华人民共和国成立至1970年代,随着新科技手段和方法的运用、对黄河多泥沙规律认识的加深以及治河方略的进步,加上政治环境的稳定,人民治黄热情空前高涨,治黄事业开展得轰轰烈烈。科技的威力也滋长了一部分人对科技力量的盲目崇拜,尤其是此时出现的"人定胜天"思想造成了因对自然本身认识不足而付出的沉重代价和教训。对自然的无度索取和过度改造只会导致事与愿违的结果,经验和教训使得我们认识到科技和传统工程的局限性。

　　在一系列新老问题纷纷出现的今天,防洪减灾仍然是黄河综合治理需要重视和解决的重要问题,黄河治理的观念已经从"控制洪水"转变为"生态治水"。当前的河流治理进入利用和保护期,利用和保护并重,以维持河流的健康生命。(见图2.1)

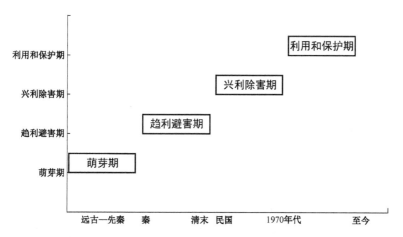

图2.1　治水文化变迁趋势图

第 3 章

顺天应命的治水文化

3.1　巫教文化在中国古代人水关系中的表现

3.1.1　巫术与黄河崇拜

早期人类从自然世界的动物界中分离出来,生产能力和生活能力都相当低下,人类与大自然原始共生,充满依附和顺应,人类只有依赖大自然的恩馈才能求得生存。从学者对史前社会的人口聚集研究中可以看出:为了生存的需要人类往往依水而居(图3.1)。大自然虽然馈予了原始人类以生存的必需物质,而电闪雷鸣、狂风暴雨、日升日落、惊涛骇浪也让原始人类感到神秘、恐惧但又无法抗拒,于是产生了对自然的原始崇拜。对黄河的崇拜亦是如此。一方面,人们依水而居,黄河给人以供养的恩赐。另一方面,黄河会不定期的泛滥,洪水淹没农田、摧毁房屋,甚至夺走生命,让原始人类感到极度恐惧。人类对这一切无能为力,只能择高而居。远古人类发现"夏秋的涨水总有一个超不过的界线,在这界线以外的近处就应该是他们氏族聚居的地方。这样就在冬季取水也还不至于太远,在雨季水涨的时候也还不至于有飘没的危险"(徐旭生,1985)。远古人类的聚集地既离河流不远,方便取水、用水,又给洪水避让道路,不至于在有洪水时被淹没。此时的人类对大自然是既敬又畏,既惊叹于自然变化之神奇和对物

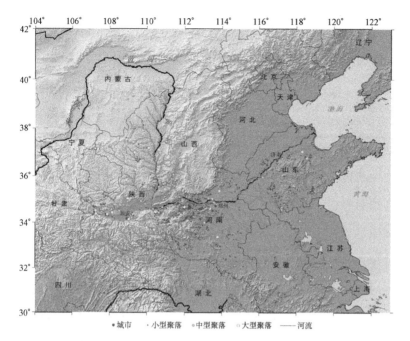

图3.1 仰韶文化后期黄河中下游地区人口分布图

质的供给,又畏惧其强大的威力和暴虐,这就是原始的自然崇拜,是对具体事物本来形态的崇拜。

在远古人类模糊的鬼神观念中,自然界的种种力量对人类的生产和生活构成了威胁,这就是作为自然之"鬼"的灾害性"魔力"(汪晓云,2005)。鬼神观念来自于对异己力量的恐惧、敬畏和不了解。神是一切无法回答的问题的答案(顾伟康,1993)。鬼神是相对而言的,神与鬼所具有的魔力都是能对人造成灾害与恐惧力量的一部分。当这些魔力危害人的安全时,它们便是需要驱使的鬼;当人们需要借助它们的力量驱逐危害性力量时,它们便是神(汪晓云,2005)。鬼神观念和巫术是紧密相连的,山川河流、风雨雷电等被视为神的化身,通过祭祀人类向这些神灵表达自己的虔诚敬畏之心,并希望由此来实现自己的愿望。"山林川谷丘陵,能出云,为风雨,见怪物,皆曰神"(《礼记》)。《尚书·舜典》记载,在尧舜时期就有对山川的祭拜。而在对大自然的信仰与崇拜中,人类从来都不是对所有事物同等崇拜的,只有那些对人类生产、生活有强大影响和巨大价值的自然力,才会受到人们的崇拜和祭祀(王娟娟,2012)。黄河那种柔顺与暴虐相继、不可捉摸、变幻莫测的特性,对原始人类来说是一种异己的、神秘的存在。于是先民便用超自然的眼光去看待黄河并赋予它灵性,祈求它平和柔顺,害怕惹怒它。把黄河河水本身看作是有灵性的存在,是神灵的形体而加以直接崇拜和祭祀。黄河河神此时是自然神的一种,同日月星辰、风雨雷电、山川大地一样。此时的人水关系是人对水的绝对的依附关系。

殷商时期,鬼神观念盛行,崇尚巫术。巫术是人类和自然界沟通的一种手段。《礼记·表记》里说"殷人尊神,率民以事神,先鬼而后礼"。黄河神是殷人主要崇拜和祭祀的神灵之一。由于黄河的水旱灾害无法预料、不可抗拒、难以消除,远古人类对此束手无策,在古人看来这就是黄河降灾、作祟。唯有通过占卜、祭祀才能求得风调雨顺。占卜和祭祀已经成为远古人类生活中非常重要的一部分。这体现了远古人类对自然界、世界甚至宇宙的初始认识。殷墟出土的甲骨文中有大量关于商人祭河的卜辞。

农耕生产在很大程度上依赖于雨水,原始社会自然灾害对年成的影响巨大,水旱灾害直接影响人类的生存,黄河对农业收成和人类生存有着极其重要的影响,黄河两岸的先民与黄河建立了特殊的依赖关系,对黄河的祭祀十分盛行。风平浪静时祭祀黄河,占卜祈福,决口泛滥时更加频繁占卜,加倍祭祀,祈求黄河息怒、还世人以平静。正是由于黄河对先民生活和生存如此重要,在黄河与先民关系不断深化发展中,黄河神被赋予了更多的社会属性。人们不仅向黄河求雨、求好的收成、求风调雨顺，也开始向黄河祈求福祉保佑和战争胜利等。人们对黄河的崇拜由最初的原始的自然崇拜慢慢开始发生转变，其自然属性渐渐剥离，黄河神被赋予部分人的特征，开始出现人与其他事物相结合的半人半兽形象。相传大禹治水得到过河神的帮助，"禹理水，观于河，见白面长人鱼身出，曰：'吾河精也。'授禹河图，而还于渊中"（《尸子》）。随着灵魂观念的继续发展、人类意识的提高，河神逐渐演变为人类化的英雄或神仙形象。《老子中经》曰"河伯之神，名曰冯夷，号梁使者"。《清冷传》曰："冯夷，华阴潼乡堤首人也。服八石，得水仙，是为河伯。一云以八月庚子浴于河而死，一云渡河溺死"。在封建社会中，科学技术有了一定的发展，治河能力也有了提高，人水关系变得微妙。一方面，人们依然非常依赖河水的供养，粮食、交通、运输都依赖河水；另一方面，人类开挖河渠，兴建水利工程，并试图以人力阻止或改变河水流动的方向。在一次次与洪水的斗争中，人们发现祈祷、祭祀并不一定灵验，而依靠自身的力量和智慧治理黄河、战胜自然灾害，往往能减少甚至避免灾害的发生。许多抗洪兴利的治水功臣和英雄被塑身进庙，立祠尊为河神。（表 3.1）

表 3.1　黄河河神崇拜发展阶段

序号	发展阶段	形象举例
1	自然神崇拜	直接跪拜黄河
2	水族精灵	鹏鹕（宗力，刘群，1987）、大鱼、龙
3	半人半兽	人面鱼身
4	神仙	冯夷、冰夷等
5	凡人	金龙四大王、黄大王（李留文，2005）等

对洪水和水旱灾害的控制，在古人看来是黄河神的基本职能

之一。河神崇拜这种民间的信仰,也慢慢为统治阶层所承认和利用。从最高统治者、地方官员到黎民百姓,在发洪水时都会对黄河进行祭祀。尧舜时期已有对自然的崇拜和祭祀,历代的统治者均十分看中对黄河的祭祀。秦统一中原后,开始以国家的名义对黄河进行祭祀,并有了专门祭祀黄河的场所。《史记·河渠书》记载,"河决于瓠子,东南注钜野,通于淮、泗"。由于灾情严重,水患长达 20 余年,汉武帝曾亲自到决口处沉白马、玉璧祭祀黄河,官员自将军以下背柴草参加施工,并作瓠子歌表达自己悲伤和奋起的心情。《汉书·赵尹韩张两王传》记载了大臣王尊在黄河决口时祭祀黄河河神的情形,"尊躬率吏民,投沉白马,祈水神河伯。尊亲执圭璧,使巫策祝,请以身填金堤"。隋唐开始,黄河河神有了世俗等级的爵位和封号,唐之后的历代王朝更是不断加封黄河河神(王元林,任慧子,2008)。

3.1.2 祭祀在巫教文化中的表现

巫术盛行的年代,治河行为中也处处渗透着巫术。发大水时媚求神佑,用人和牲畜做祭品的事屡见不鲜。最为出名的是《史记·滑稽列传》所记载的邺地河伯娶妇的故事。邺地处在韩、赵两国当中,是魏国的军事要地。流经邺地注入黄河的古漳河,时常发生水患、泛滥成灾,当地百姓深受其害。当地的一些土豪、官吏与巫婆勾结,将漳河水患说成是由于河神显灵,须每年选一个美女给河伯为妻才能被平息。这些官吏豪绅年年将年轻的姑娘投进漳河,并借以诈骗钱财,坑害人命。商代卜辞中关于"沉妾"(女奴隶)、"沉嬖"的祭祀记录是关于用女子祭河最早的记录。用女子祭河不仅由来已久,颇有历史渊源,而且这一沿袭已久的巫术仪式在中国古代治河中一直有着影响。《史记·六国年表》记载秦灵公八年(公元前 417 年),"城堑战河濒,初以君主妻河"。唐代名臣郭子仪为镇河,向河神祈祷"水患止,当以女奉妻"。之后其女在河复故道后无疾而卒。郭子仪"以其骨塑之于庙"(《济南先生师友谈记》)。对自然现象的极度畏惧,不仅体现在祭河上,更将国家的命运与之相联系。据《国语·周语上》说:"幽王二年,西周三川皆震。伯阳父曰:'周将亡矣!……昔伊、洛竭而夏亡,河竭而商亡。今周德若二代之季矣,其川源又塞,塞必竭。夫国必依山川,山崩川竭,亡之征也。川竭,山必崩。若国亡不过十年,数之纪也。夫天之所弃,不过其纪。'"周幽王二年(公元前780 年),黄河的三条支流泾、洛、渭流域发生地震,岐山震崩,川源因阻塞而干枯,周朝大夫认为这是国家将要灭亡的征兆,就像伊水、洛水断流而夏桀亡国、黄河断流而殷商亡国一样。因此"三川竭,岐山崩"被视为国家存亡的大事。

神鬼文化和巫术对中国古代影响深远,不仅在民间广有信徒,最高统治阶层也对其深信不疑。《淮南子·主术训》中记载:商汤之时大旱 7 年,汤愿以巫的身份自焚求雨,此举感动了上天,火将燃时天降大雨。《晏子春秋·内篇谏上》记载了齐国景公通过在太阳下暴晒向河神求雨的故事。当时齐国大旱,晏子进言:"君诚避宫殿暴露,与灵山河伯共忧,其幸而雨乎!"景公依言出郊野露宿,三天后果真下雨了。《后汉书·左周黄列传》记载:"是岁河南、三辅大旱,五谷灾伤,天子亲自露坐德阳殿东厢请雨,又下司隶、河南祷祀河神、名山、大泽。"更有地方官员在大旱时通过自焚的方式向河神祈祷的,《后汉书·独行列传》记载了谅辅和戴封试图通过自焚的方式,引咎自责来祈雨。《金枝》记载了我国古代,干旱缺雨时,人们将纸扎或木头制作的龙放在太阳下暴晒,让掌管雨水的龙王也尝尝被毒日头暴晒的滋味,目的是让龙王能感同身受,祈求早日降雨。如果再没有降雨,这条龙就会被鞭打或者撕碎,甚至会被公开废黜它的神位。如果顺应了人们的祈求,官吏会晋升它的地位。当雨水过多时,人们祈求停止降雨。如果祷告没有奏效,龙王的塑像会被锁押起来,直到雨止才会恢复自由。

无论是官方祭祀还是民间自发的祭祀,巫术虽几经沉浮,世俗权力屡予禁止,但它从诞生之日起,一直或多或少地深刻影响着人类生活的各个方面,治水活动亦是如此。虽然随着社会生产力的壮大,科学技术水平的不断发展,人类认识和改造自然界能力的不断提高,古代治河的技术水平和治河方略都有着显著的发展,但巫术在中国古代治河史上一直扮演着独特的角色。

3.1.3 具体祭祀文化

殷商时期,重鬼尚巫,鬼神观念很强,对黄河的祭祀十分虔诚和频繁,主要是通过巫术和占卜进行的。商代的甲骨文中带"河"字的卜辞显示,人们向黄河进行的"求年"(祈求好的年成)、"求雨"(祈求雨水)和"求禾"(祈求庄稼长势好,收成好)是非常频繁的祭祀活动仪式。"戊寅卜,争贞,求年于河,燎三小牢,沉三牛"(《合集》)。"壬申贞,求禾于河,燎三牛,沉三牛"(《合集》)。除此以外,商人求河也祈求战争胜利和福祉保佑。"壬申卜,彀,贞于河匄工方"(《合集》)。"于河三牢,王受佑"(《合集》)。

祭祀神灵,除了跪拜、祈祷、立愿,还要献上祭品。古代祭河的祭品主要有牺牲、玉帛和人(表3.2)。常采取"沉"的方式,即把祭品沉没于水中。牺牲指马、牛、羊、鸡、犬、豕等牲畜,最常用的是牛、羊、豕三牲,牛、羊、豕三牲全备称为"太牢",只有羊、豕,没有牛,称为"少牢"。"求年于河,燎三小牢,沉三牛"(《合集》)。

"丁己卜,其燎于河牢,沉璧"(《殷墟书契后编》)。用人作为祭品的,称为"用人",常以女性为祭品。"酬河三十牛,以我女?"(《合集》)"辛丑卜,于河妾"(《合集》)。除了"沉"之外,其他的祭祀方式有燎(即焚烧)(《合集》载:"壬午卜,于河求雨,燎。")、舞(舞蹈)(《尚书》中记载:"敢有恒舞于宫,酣歌于室,时谓巫风。")(孔颖达疏:"巫以歌舞事神,故歌舞为巫觋之风俗也。")(《九歌》相传是夏代祭祀神灵的乐歌,其中的《河伯》一篇是祭祀、歌唱黄河的乐歌)、埋(表3.3)。有学者研究除常用的这些方法外,对河的祭祀还会采用祷(祈祷)、又(以肉祭祀)、告(祷告)、刚(强断)、卯(对剖)、用(使用)、御(消除疾病和不详的祸害)、酒(献酒)、奏(集合人众演奏乐器,或聚集舞人合舞)、取(同寮)等祭法(于省吾,1996;赵诚,1987;罗琨,1979;郑继娥,2004;陈梦家,1956)。

表3.2 古代祭祀黄河常用祭品种类

祭品种类	具体祭品
牺牲	牛
	羊
	豕
	马
玉帛	玉器
	丝织品
人	妾、嬖(女子)
	羌(战俘)
	奴隶

表 3.3　古代祭祀黄河常用的祭祀方法

祭祀方式	解释
沉	将祭品投入河中,祭河最为常见的一种方法
燎(尞)	火祭,焚烧的方式
埋	挖坑将祭品埋入土中
舞	通过跳舞来进行祭祀

祭品的多寡可以显示出黄河对人们生活的影响程度。殷代卜辞中,河岳二神经常同卜共祭,从用牲的数量上看,河神的地位似乎比岳神略高一点。"河燎,卯三牛""岳燎,卯二牛""五牢于岳""九牢于河"。这或许是因为黄河对人们生活的影响更加直接,并且水患的威力更加难以驾驭。河神具有更高的地位,享受更丰富的祭品,具有更大的神威。

3.2　巫教文化在中国古代治水史上的作用

神鬼文化和巫术在中国古代治水史上有着深远的影响,尤其是在人类社会的早期阶段。在这一时期有着如此重要的影响绝不是偶然,而是因为其有着深刻的文化内涵。首先,早期人类社会对河水是依赖与恐惧并存。一方面,人们依水而居,依靠黄河提供生存的供养;另一方面,黄河的不定期泛滥让人感到巨大的恐惧。人类自然对黄河产生了既敬又畏的心理,敬畏是崇拜的源泉,唯有自然的更替,才会使人变得不安,变得谦卑,变得虔诚(费尔巴哈,1999)。其次,早期人类在与黄河水患的斗争中因为对客观世界的蒙昧无知,加上治理手段的缺乏,显得特别软弱无力,这就使得人们会将敬畏的黄河加以人神化,希望通过对黄河的崇拜和祭祀,能够消除灾祸,把异己的力量转化为助己的力量。早期是对黄河直接跪拜,随着黄河地位和威力的不断提高,远古人类认为只有通过"巫"这一媒介才能更好地与这种神秘而威力无边的力量沟通。再次,神鬼文化和巫术文化的盛行也体现出了人类在治理灾患时的功利心理,讨好和献媚神灵,实际上是妄图用最小的投资获得最大的回报,神灵与祭拜者形成了一种互利互惠的关系,是"把人与人之间的求索酬报的关系,推广到人与神之间"(詹鄞鑫,1992)。

虽然神鬼文化和巫术文化解决问题的方法,包括治理河患的行为,那种且歌且舞,近乎疯狂和夸张的呓语在今人看起来荒唐而可笑,但在远古时代,它体现了远古人类对自然、世界和宇宙的认识。这种努力通过祈祷、献祭等取悦手段以求安抚变幻莫测的神灵,或者试图凭借符咒的魔力来使自然符合人的愿望的行为,蕴含了原始人的理智与智慧,以及征服自然的追求和向往。

巫术对人的心理的一个显著的影响是使人在进行重要事情时有自信力,能使人乐观,提高希望,胜过恐惧(马林诺夫斯基,1986)。人们在进行祭拜时是虔诚的,巫术的仪式是神秘而严肃的。祭祀过后,人们很自然地有了这样的心理暗示,即他们已经与神灵有了约定,所做的事情必然会得到神灵的庇佑,神灵也必然会实现他们的愿望。特别是当水患灾害的治理难度超越了当时技术和能力的极限,民众在深陷困境时,从内心深处希望祈求冥冥力量的佑助,这种拜祭和献祭的仪式可以缓解内心恐惧,获得慰藉,增强治河信心,摆脱望河兴叹的消极心理和绝望情绪。

治水这样需要大量人力和财力的庞大工程,面对指挥少则千计、多则百万计的劳力,这些劳力往往受教育程度不高,他们在心理上更容易受神鬼文化和巫术的影响。在人类所能支配的一切力量中,信仰的力量最为惊人(古斯塔夫·勒庞,1998)。使用巫术仪式祭祀河神，向河神许愿，并祈求工程的顺利，这样的行为对治河的劳力有一种威慑力，会使他们更愿意听从调度。无论是大禹治水还是李冰兴建都江堰，古代的治河活动和水利工程在开始、中间和结束时，往往都会有祭祀河神，向河神祈祷和献祭的仪式。希望借助这种冥冥之力凝聚人心，激起民众的响应。人们也需要这样的心理暗示，坚信自己的行为得到了神灵的庇佑并必定能够成功。神鬼文化和巫术在此不仅使众人战胜了心理上的恐惧，并且凝聚了人心，使人变得更服从管理，也更愿意被驱使。

3.3　巫教文化对中国近现代治水的深远影响

中国古代哲学的首要问题即"天"是什么，天是否是凌驾于自然界和人类社会之上的有意识的主宰，还只是和自然界一样的自然物质。中国古代哲学一直在试图解释天和人的关系。因生产力低下，人们认识水平的局限而产生的神鬼思想和巫术崇拜，并将这种思想实践到例如治理水旱灾害这样关系民生的大事中，是古人在局限的条件下对自然界和世界的认识，是历史初期人们对那些能扭转自然事件进程并为自身利益服务的普遍规律的探索，"是事物规律呈现于人的头脑、经过不正确的类比、延伸而得出的""思想的论说"（弗雷泽，2006），是人类被动适应自然，将自然无限神秘化的结果。这种思想虽然在之后的历代王朝屡予禁止，但它从未在人类的思想中根除。或许正因为如此，工业化以来，随着人们认识水平的显著提高，科学技术的飞速发展，人类治河手段迅速提高，对洪水的调控能力显著增强，中西方文明都进入了人类努力摆脱自然束缚，征服与控制自然的阶段。在水利方面，我们出现了"让高山低头，让河流改道"的豪言壮语，科技的文明、手段的先进曾一度助长了人们"人定胜天"、战胜一切洪水的信心。然而，钢筋混凝土的大坝拦截了河流却不能完全阻止洪水的发生，急功近利地与水争地，对自然的掠夺性开发导致了事与愿违的结果，带来的是人们意识的麻痹和自然更加疯狂的报复。过分陶醉和放大人的力量，将自然放在从属地位所带来的负面影响，使得中西方都开始重新思考"天人关系"或者说人与自然的关系。

进入现代社会，自然科学的发展、科技文明的光芒，以及辩证唯物主义为大众所普遍接受，人类理解自身和自然的能力大大提高，但扪心自问，人类对神灵的信仰，或者说对冥冥之力的信仰仍然影响着人们的心理和行为。现在我们仍会对名山大川、古代圣贤进行祭祀。我们对黄河等自然之物的祭祀同样也是怀着敬畏之心。与古人不同的是，此时我们的敬畏之心源于对自然的尊重，自然已不再是一种异己的神秘力量，而是需要被尊重与善待，与人类共生共存的有限资源。我们在黄河边塑立黄河母亲雕像，与古代图腾崇拜不同的是，这象征着在黄河母亲的哺育下，中华民族生生不息。我们把黄河比喻作母亲，是对黄河的爱和尊敬。对黄河的祭祀不仅是对历史文化的传承，对宝贵文化遗产的弘扬，更是有助于对中华民族的向心力和凝聚力的增强。现在的祭祀，宣扬的是礼。中国自古为礼仪之邦，庄重而规范的祭祀仪式震撼着人心，也提醒着世人莫忘"凡人之所以为人者"的礼。这种看似古老的仪式也提醒着人们不要忘记自己的过去，不要忘记自己的祖先，不能忘本。

3.4　讨论

在原始人的心目中，世界很大程度上是受超自然力支配的。

这种超自然力来自于神灵。产生这种思想并非偶然,原始人是根据关于自己的知识来解释自然界的(克雷维列夫,1984)。这种认识世界的方法以内省为基础,并把自我的特性赋予万物。"原始人在想象中,把自然对象的活动,也看作有目的、愿望、情感、意志的活动。在这种以自我体验、自我意识的模式为核心的思维机制支配下,必然要把自然界拟人化(即人格化),并按照他们自己的形象和生活习性,塑造许许多多能力非凡的神灵和半神半人的英雄"(张浩,1994)。这些神灵必然也与人类有着类似的情感和行为,他们"像人一样很容易因为人们的乞求怜悯或表示希望和恐惧而受到感动,并作出相应的许诺,为了人们的利益去影响或改变自然的进程"(弗雷泽,2006)。正因为如此在古代治水活动中,特别是远古时代,祭祀河神、向河神祈愿占有非常重要的地位。

马克思认为"劳动生产力处于低级发展阶段,与此相适应,人们在物质生活生产过程内部的关系,即他们彼此之间以及他们同自然之间的关系是很狭隘的。这种实际的狭隘性,观念地反映在古代的自然宗教和民间宗教中"(马克思,1972)。巫术最初是个人贫穷和苦难的唯一避难所(马克斯·韦伯,1995)。巫术寄托着民众对幸福生活的向往和期许,以及对征服不可控力量的追求,同时蕴含着对现实环境的无奈和无力。特别是面对洪水这样危害范围广而且危害程度惨重的自然灾害时,民众无力抗衡,又对官方的救助不抱希望时,便会采取这样的一种自救行为。它在民众中,特别是下层民众中有如此强大的生命力,是因为它关心下层民众的生活,给他们以精神依托,并以各种形式迎合他们的切身需要。这种精神慰藉,虽然虚幻,但足以唤起人们战胜困难与恐惧的信心与勇气。特别是那种看似神圣的仪式性行为,可以缓解人们的焦虑情绪,使他们乐观,从而超越困境。

巫术对人心起着重要的凝聚作用,也正因为如此,古代统治者、帝王将相才更愿意亲自主持祭祀,并使祭祀更加规范化、常规化、法典化和仪式化。庄重而严肃的仪式会使得他们看起来确确实实是国家的主人,是受上天福祉保佑并指派的权利支配者。这也是为何中外的文明发展史上,王权都往往与神权结合在一起的原因之一。统治者不仅被当作人与神之间的联系人而受到尊崇,更是被尊为神灵,享受权力带来的无上荣耀。中国古代历史上几乎所有的王朝更替,几乎所有的起义,都会利用民众的鬼神观念和"巫"来起事。起义的头领会编造有关自己出生的故事或歌谣,假借天意,让民众相信自己是上天意志在人间的传达者,这样就可借神灵的名义凝聚民众造反起义,而自己的起义是顺应天命的,是天赋王权。

3.5　小结

早期人类因其对地理环境和自身认识的局限,对自然的祭祀成为人类生活的主体。巫术作为人类与自然沟通的媒介,在中国古代的人水关系中一直扮演着重要的角色,即使在科技高度文明的今天,我们在内心深处对冥冥之力的佑助依然存有期许。古代祭祀中使用人祭,尤其常使用女性作为献祭对象是极其残忍和愚昧的。但不可否认的是,巫术仪式无论其表现形式在今人看来多么荒诞可笑,那都是古人在有限的条件和认识下,对自然和宇宙的理解,并且充满了远古人类对征服自然的向往。巫术和神鬼文化在中国古代的治水活动中不仅起到了凝聚人心的作用,更是人们面对巨大困难和灾害时的精神避难所。

第 4 章

趋利避害的治水文化

4.1 古代治河思想中的朴素唯物主义

哲学来源于实践,而这种时代精神的精华又影响着当时人们的各种行为。随着人们对自然界了解的深入,思维能力的逐渐提高,加上科技的逐渐进步,古代朴素唯物主义思想逐渐发展起来。这种思想也随着治河实践的深入而更加丰满,反过来这种思想构建下对世界本原的认知、自然观以及对各种关系辩证的看法,也深深影响着治水实践的各个阶段。

4.1.1 世界的本原是物质

古代先民很早就试图用"金、木、水、火、土"这五种自然物质来概括世间万物。将世界的本原归结为物质,即是最朴素的唯物主义自然观。对"五行"较早的记载见于《尚书·洪范》,根据书中描述,"五行"思想产生于远古的治水斗争。"我闻在昔,鲧堙洪水,汨陈其五行。……五行:一曰水,二曰火,三曰木,四曰金,五曰土。水曰润下,火曰炎上,木曰曲直,金曰从革,土爰稼穑。润下作咸,炎上作苦,曲直作酸,从革作辛,稼穑作甘。"意思是说"金、木、水、火、土"这五种物质都有不同的特性。鲧治水失败的原因在于他没有遵循五行的特性,而禹的方法符合水土的本性,最终取得成功。"金、木、水、火、土"既各有特性,又相生相克。木克土,土克水,水克火,火克金,金克木。之后易学又用乾(天)、坤(地)、巽(风)、震(雷)、坎(水)、离(火)、艮(山)、兑(泽)代表的八卦来象征各种自然现象和各类事物,以及用表示事物自身变化的阴阳来推演和象征宇宙万物。阴阳五行的思想一直持续影响着古人的治水活动,尤其体现在古代常用铁牛铁犀、石牛石犀作为镇水神兽。据《清史·水利志》记载,清乾隆五十三年(1788 年)十一月上谕:"向来沿河险要之区,多有铸造铁牛安镇水滨者。盖因蛟龙畏铁,又牛属土,土能治水,是以铸铁牛肖形,用示镇制。"牛能耕田,属坤兽,坤在五行中为土,土能克水。洪水起,多因蛟龙生,五行中蛟属木,木畏金,因此以金压之(涂师平,2015)。

4.1.2 遵循客观规律,因势利导、因地制宜

有了朴素的唯物主义的基本认识,就要遵循规律的客观性,在具体的治水实践中就是顺水性、顺河性。明潘季驯说"水有性,拂之不可;河有防,弛之不可;地有定形,强之不可;治有正理,凿之不可"(《河防一览》),说的就是要遵循河水、地势等条件的自然规律治理黄河。清陈潢说:"千古知治水道者莫孟子若也。孟子曰禹之治水之道也,传曰顺水之性也。"陈潢将孟子的"行其所无事"落实在治河上,进一步解释为"所谓行者,疏浚排决是也。所谓无事者,顺之水性,而不参之以人意焉,是谓无事也"。他认识到了黄河形态、河道虽有变迁,但黄河的客观规律并不会变化。"河之行有古今之异,河之性无古今之殊。水无殊性,故治河无殊理"(黄河网)。他们都把"顺水性"作为治河的基本原则。

黄河是一个动态的系统,不仅河水有涨有落,河道还善迁善淤。治河活动要根据河道的变化、水文特征、沿岸的自然地理要

素以及当时社会经济、政治发展状况等客观实际出发,因势利导、因地制宜。清张霭生在《河防述言·河性第一》中说:"今昔治河之理虽同,而弥患之策亦有不同。"靳辅、陈潢认为:"今昔之患河虽同,而被患之地不同;今昔治河之理虽同,而患之策亦有不同。故善法古者惟法其意而已。"(《河防述言·审势第二》)

4.1.3 发挥人的主观能动性

中国古代唯物主义与唯心主义斗争的焦点之一是天人关系。反映到治河活动中,是认为一切由天主导,是神明的旨意,还是依靠人类自身的能力,这是天人关系在治河活动中的具体表现(李云峰,2001)。公元前132年,黄河在瓠子决口,水患长达20余年汉武帝才下决心堵塞决口。听信丞相田蚡谗言也是一个重要因素。田蚡为保自己的封地不受水患威胁,上奏"江河之决皆天事,未易以人力为强塞,塞之未必应天"(《史记·河渠书》),并勾结方士"望气用数者亦以为然,于是天子久之不事复塞也"(《史记·河渠书》)。汉武帝深信自然灾害由"天"主导,"强塞未必应天",他希望通过虔诚的祭祀,与人神进行沟通,将河患的治理寄托于方士。这是他唯心主义思想对治河的制约。

古代的治河名臣大都是唯物主义的支持者,他们注重客观规律,也注重发挥人的主观能动性,相信事在人为、人定胜天。面对河患,明代曾有人提出决口不可塞,"一切任河之便"。潘季驯对这种看法非常愤慨,他驳斥道:"一切任天之便,而人力无所施焉,是尧可以无忧,禹可以不治也。归神归天,误事最大。"(《河防一览》)靳辅也明确表示治河:"惟期尽人事,而不敢诿之天灾;竭人力,而不敢媚求神佑。"(《靳文襄公奏疏》)

4.1.4 治河中的朴素辩证法思想

阴阳学说是中国传统文化的精髓之一。阴阳是气本身所具有的对立统一的属性。凡属相互关联的事物或现象,或同一事物的内部,都可以用阴阳来概括。阴阳双方是不断运动变化的,在运动中双方此消彼长,此进彼退。阴阳的对立统一是宇宙的总规律(吴全兰,2012)。阴阳思想深刻影响着中国古代哲学,这种关于事物双方相互依存、相互转化、相互作用引起发展变化的思想,蕴含了人类最早期的辩证法思想,是对客观事物朴素辩证的认知。古代治水活动充分体现和发展了朴素辩证法思想。特别是在黄河治理中,水害与水利、疏与障、水与沙、清与浊、合流与分流、新旧矛盾以及近期治理与长期治理等之间的矛盾辩证关系。

古代先民很早就对水害、水利的关系有着辩证的认识。适量的水有利于庄稼生长、农业生产、人民生活;水过量,轻则河水四溢,毁坏田地,重则决堤决口,严重威胁人民生命财产安全。《管子·水地》中指出水为"万物之本原也,诸生之宗室也",并描述水"集于草木,根得其度,华得其数,实得其量,乌兽得之,形体肥大,羽毛丰茂,文理明著。万物莫不尽其几、反其常者,水之内度适也。"世间万物因为有水而生机盎然。同时,《管子·度地》中又明确指出世上有五害,"五害之属,水为最大"。明代徐贞明曾说:"水在天壤间本以利人,非以害之也。……盖聚之则害,而散之则利;弃之则害,而用之则利。"他认为水本身是对人有利的,只有过多的水聚集起来才会泛滥为害,分散于大地之间则是有利的,只要人们积极治理水害就会变害为利。司马迁在《史记·河渠书》中已使用了"水利"一词,所谓"水利","水之利害也",就是要兴水利,除水害。

疏与障一直是古代治水时最为常见的方法。远古的神话传说相当一部分是关于治水的。据说共工发明了筑堤蓄水的办法。《国语·周语》载:"昔共工欲壅防百川,堕高堙庳。"这种治水方法即我们常说的"水来土掩"。传说天神鲧偷了天帝的宝贝"息壤"来赶退洪水,这就是"障",也即是"堵"。但是此次洪水巨大,破坏性极强,单纯地以"堵"为基础的方法已经难以保障氏族部落的安全和农业生产,最终鲧治水失败。子承父志的禹吸取了鲧治水的经验教训,根据水往低处流的特性,采取了疏导的方法,因势利导将洪水疏导入海。大禹虽说用的是疏导的办法,其实更为贴切的描述是他采用的是以疏为主、疏堵结合的方法。既然是疏导洪水,必然也会修建堤岸,不然也不能有效约束洪水,特别是不能有效利用洪水。修筑加固堤防本来就是治水主要的手段之一。大禹的治水方法几乎成为后世治水的典范,"圣人作事,为万世功,通于神明"(《汉书·沟洫志》)。

在长期的治水实践中,人们渐渐认识到水沙的辩证关系。王莽时期的大司马史张戎在2000多年前就提出了"以水排沙"的主张。他根据黄河多沙的特点,提出在春季枯水时期,中、上游引水灌溉,分水过多,会使水流速减缓,那样泥沙就会淤积在下游河道,因而有决溢之患。如停止灌溉,高筑数堤以居水,可保持河水流自身的挟沙能力,排沙入海。《汉书·沟洫志》对此的描述是史书上关于黄河的水沙关系和利用水力冲沙的第一次记载。明代万恭首次提出筑堤束水冲沙深河,可称我国"束水攻沙"理论的先驱,他在《治水筌蹄》一书中指出:黄河的根本问题在于泥沙多,黄河治理不宜分流,应利用水势冲淤。他说:"河性急,借其性而役其力,则可浅可深,治在吾掌耳","夫水专则急,分则缓;河急则通,缓则淤"。其后的潘季驯将这一思想发扬光大,他指出"水分则势缓,势缓则沙停,沙停则河饱,……水合则势猛,势猛则沙刷,沙刷则河深,……筑堤束水,以水攻沙,水不奔溢于两旁,则必直刷乎河底"(《河防一览》)。

面对汹涌的洪水,以及黄河泛滥所带来的巨大灾难,人们自然会想到利用分流来分杀水势、降低洪水的危害。西汉贾让三策中的中策提出"多穿漕渠于冀州地,使民得以溉田,分杀水怒"(《汉书·沟洫志》)。这是分疏治水的方法,既可灌田又可分洪。北魏崔楷为防御洪水,建议多置分水口。当人们逐渐认识了水沙关系,必然会辩证地看待分流与合流的关系。分流则有利于抗洪,而合流则可以集中水力冲刷河道和泥沙。清代治水专家靳辅可以说是辩证认识分流与合流的高手。他治河主要还是运用明代治河专家潘季驯的"束水攻沙"方法,修筑束水堤,利用合水之力宽刷深冲河道。同时他又深谙分流的作用,为防止黄河下流决口,靳辅在上流建减水坝分洪。他还建议在宿迁、桃源、清河三县黄河北岸堤内开中河(亦即中运河)。

古人认识到泥沙多是黄河的根本问题,而合流有利于冲刷河道和泥沙。正因为如此,明清开始提出利用淮河的清水来解决这一问题。在处理淮河与黄河的关系时,根据黄强淮弱、黄浊淮清的特点,人们渐渐开始辩证地看待清与浊的关系。明潘季驯在"束水攻沙"的基础上提出"蓄清刷黄",就是将淮水引入黄河,利用水的合力,加强黄河下游河段水流的挟沙能力。清靳辅和陈潢则在水利史上第一次提出了"以黄济淮"的主张,就是把黄河之水引入洪泽湖,以黄济淮,以浊助清,防止黄河水倒灌。

治水是项长期而艰巨的斗争,历朝历代不仅在洪水泛滥时注重堵口和护堤,平时也注重对堤堰的维护、河道的疏浚、工程设施的兴建。每一项水利工程的兴建都是为了解决一定的矛盾,但不可能一次把所有矛盾都解决好,因此要抓住主要矛盾。任何水利工程都不可能一劳永逸,旧的矛盾解决了,新的矛盾随之产生。只有不断研究遗留的问题和新产生的矛盾,及时采取措施,才能兴利除害。这就要求治水者正确处理近期治理与长期治理以及新旧矛盾的关系。

4.1.5　治水实践中的系统观

中国古代哲学的首要问题即"天"是什么,天是否是凌驾于自然界和人类社会之上的有意识的主宰,还只是和自然界一样的自然物质,天和人的关系是什么。对世界本原是物质的认识构成了古代的朴素唯物主义宇宙观,产生了古人对宇宙的认识,以及对世间万物的认识,包括对治水的理解。这一思想主张"天人合一",天、地、人三者和谐发展。大禹治水和王景治河都是这一思想的成功实践活动。大禹治水是利用水往低处流的自然趋势,顺地势疏导河水,将河水引入相应的河道然后汇入大海。王景治河"商度地势……防遏冲要,疏决壅积",修筑从濮阳城南到渤海千乘的千余里黄河大堤,使黄河在一条比较合理的流路内行水。两者成功的关键都在于顺应地势给黄河选择了一条适合的行水路线。古代治水所有的成功案例都是基于对自然环境要素、河流水文特点以及当时经济、政治发展综合考量的结果,体现了人与自然的和谐共生。

公元1128年,宋东京太守杜充决黄河阻金兵,形成了黄河历史上第四次大改道,也造成了黄河长期夺淮的局面。黄河、淮河、运河至此相互制约、相互影响。随着南方经济的飞速发展,明清政府比以往的朝代更加依赖江南的供给,治理黄淮都是以保漕运为宗旨,因此明清的治河者不得不将黄、淮、运看作一个庞大的整体系来统一规划、综合治理。潘季驯就曾说过:"治河之法,当观其全。"靳辅和陈潢提出:"大抵治河之道必当审其全局,将河道、运道为一体,彻首尾而合治之,而后可无敝也。"(《靳文襄公奏疏》)他们都主张将黄、淮、运视为相互影响的整体进行治理,不能"尺寸治之",只顾一点,不理其他。他们重视整体与局部的关系,不仅从系统出发,全局考虑,也关注局部各要素。正如陈潢所说:"有全体之势,有一节之势。论全体之势,识贯彻始终,见贵周远近。宁损小以图大,毋拯一方而误全局。宁忍暂而谋之,毋利一时而遗虑于他年。"(《河防一览》)只有整体把握、全局规划,绝不以小失大,才能达到治河效果的最佳化。

4.1.6 朴素唯物主义哲学思想和科技发展影响古代治河活动

长期的实践活动使古人渐渐对世界的本原有了初步的认识并形成了相应的传统哲学观,在这基础上形成了相对应的治河观。日积月累的治水活动启迪了中国古代科学的萌芽,独具中国特色的古代科技文化伴随着治水行为逐渐形成,源远流长(张家诚,1996)。治水活动不仅揭开了文明的序幕,又为传统哲学思想的发展和科技的进步提供了生动的舞台。

中国古代治河思想,主流以朴素唯物主义思想为基础,主张"其尽人事,不诿天数",遵循从客观实际出发积极发挥人的主观能动性,注重在顺水性的基础上,因势利导,因地制宜,从动态上把握河流,根据河流的运动变迁、两岸的自然环境因素和人文社会环境因素来制定治河方略。治河思想中蕴涵着丰富的辩证法思想,用矛盾的观点,辩证地看待水害与水利、疏与障、水与沙、清与浊、合流与分流的关系。认识到治河是一项长期而艰巨的斗争,抓住主要矛盾和矛盾的主要方面,处理好新旧矛盾以及近期治理与长期治理的关系。从全局上把握河患的治理，"治水之法，当观其全"，重视河流主体的作用，将黄、淮、运全面规划，统筹治理。这些中国古代治河思想中积极、合理的因素是朴素唯物主义应用于实践的典范。

中国古代治水不但维护了国家的稳定、经济的发展，而且有利地促进了科学技术和社会的进步。社会生产力的每一次进步，是科学技术的进步，这种科技力量的进步其背后深受人们的哲学观和方法论的影响。一种治河思想的出现，不仅要受到当时社会生产力和科技水平的限制，体现出当时科技界的认识水平，而且还受到当时理论思维水平的限制，体现出某种哲学的认识路线，反映出当时的哲学斗争及其特点（张晓红，2000）。随着社会的进步、历史的发展，人类对自然的认识不断深化。一个时期人们自然观认识的深度和广度总是反映这个时期的科技水平，或者说一个时期的自然科学发展水平总是与这个时期人们的自然观相呼应。中国古代治水无论其哲学思想在理论方面之丰富，还是实践方面规模之大，影响之深远，都是其他自然科学所不能比拟的（李云峰，2001）。中国古代治水实践是展示中国古代科技发展的舞台，更是中国古代哲学的检验场。

4.2 封建君主集权统治和政府在治河中的作用

奴隶社会的第一个国家——夏王朝的建立就与治水活动密切相关。大禹通过治水活动完成了国家的建立，使中华大地从野蛮进入文明，由奴隶社会代替原始社会，华夏文明由此进入一个新篇章。春秋战国时期大政治家管仲第一次公开将治水视为治国安邦的头等大事，他在《管子·度地》中说："善治国者，必先除其五害,五害之属,水为最大。五害已除,人乃可治。"进入封建社会后,封建王朝的根本,以土地为基础的小农经济更是依赖河流、等自然要素。与治水相关的活动显得尤为重要,往往影响着农业经济的丰歉甚至是封建王朝的存亡。封建帝王会用水比喻治政,荀子转述孔子与鲁哀公的一段对话,"君者,舟也;庶人者,水也。水则载舟,水则覆舟"(《荀子·王制》)。唐太宗多次转引这个观点,称"君,舟也;人,水也;水能载舟亦能覆舟"(《贞观政要》)。治水活动从来就是定国安邦的大事,封建帝王无不例外地都非常重视水利工程事业和治水活动,他们以自己的言行、政治决断深刻影响着中国封建社会治水活动的进程。汉武帝和康熙帝都是封建社会颇有作为和影响的君主,在位期间皇权空前加强。在此以这两位帝王的治河活动为研究对象,分析封建君主专制中央集权对治水活动的影响,试论述政府在治水活动中的角色。

4.2.1　汉武帝和康熙帝治水活动

4.2.1.1　汉武帝治水

汉武帝元光三年(公元前 132 年),黄河两次决口,特别是五月间的那一次,河决濮阳瓠子堤,致使黄河"东南注钜野,通于淮、泗"(《史记》),泛淮入海。这是黄河历史上的第二次大改道。当年汉武帝虽让汲黯、郑当时堵口,但并未成功。之后任其恣流,不复堵塞,水患长达 20 余年。此次决口,危害巨大,人民深受其苦,《史记·河渠书》记载"自河决瓠子后二十余岁,岁因以数年不登,而梁楚之地尤甚",《汉书》亦有云"乃岁不登数年,人或相食,方二三千里"。直到 23 年后,元封二年(公元前 109 年)汉武帝才"使汲仁、郭昌发卒数万人塞瓠子决",并亲临河堤,"沉白马玉璧于河,令群臣从官自将军以下皆负薪填决河"(《史记》),柴草不足时,下令以薪柴及淇园的竹子制成的楗堵塞决口。汉武帝还即兴作《瓠子歌》两首以纪念。

汉武帝非常重视农田水利开发建设,其在位期间兴建了许多水利工程。如在黄河上游西北地区开展了大规模的农田水利建设,范围基本由陕西北部河套一带至甘肃河西走廊最西边,朔方、河西、西河、酒泉、上郡、令居皆通渠灌溉屯田。西汉建都关中,因此对关中地区的农田水利网络工程尤为重视。汉武帝时期在关中地区修建了不少灌溉工程,如渭水上的漕渠、成国渠、灵轵渠、湋渠、蒙茏渠,以及河东渠田、洛河下游的龙首渠、泾河下游的六辅渠、白渠等。瓠子决口堵塞后,修复和扩建了黄河和淮河下游东南地区农田水利灌溉工程。

4.2.1.2 清康熙帝治水

康熙大帝可谓把治水活动推到了极致,他很早就将治河看作清政府的中心政务,在他主政初年便将"三藩及河务、漕运"视为三件头等大事,题写于宫中柱上。除三藩外,另外两件事均与水利有关,可见康熙帝对此的重视。所谓河务即黄河防洪事业,所谓漕运,即利用水道进行南粮北调。此二者紧密相关,漕运是清政府的生命线,而"国家之大事在漕,漕运之务在河"(《清史论稿》),以黄济运,黄河於畅、为患与否关系运道通畅。康熙悉心听取大臣建议,"审其全局,将河道、运道为一体,彻首尾而合治之,而后无弊也"(《靳文襄公奏疏》)。他潜心研究历代治河方法,细览河防书籍,钻研水利理论,注重对数学、水利学和测量学的研究。康熙一生中 6 次南巡,多次考察治河工程,亲自指导治河方案。他曾说"今四海太平,最重者治河一事"(《清实录》)。他还追本溯源,在位期间于四十三年(1704 年)派侍卫拉锡、舒兰,五十六年(1717 年)派喇嘛楚儿沁藏布、兰木占巴及理藩院主事胜住等人对黄河源进行官方勘查。康熙认为治水的关键在于人,注重对河臣的挑选,其中对后世最为有影响的是启用靳辅为河道总督。康熙认识到清口一带关系治河、导淮和济运,是治河的关键,于是他开辟清口,助黄刷沙。康熙主张加倍高家堰堤防,修复、加高归仁堤来防止黄河水倒灌。指示靳辅开辟海口以防止黄河水倒灌(虽然靳辅对此与康熙意见相悖,他没有疏浚海口,而是挑浚河身,采取束水攻沙的方法冲刷海口,使河道畅通入海)。经过靳辅和其幕僚陈潢的努力,终于使黄河、淮河各归其道。为保漕运畅通,康熙接受靳辅的建议开挖中河以避二百里黄河之险,其之后的两位河道总督于成龙和张鹏翮都对中河进行了改造。

4.2.2 两位帝王治水特点以及社会、政治和哲学文化的影响

汉武帝和康熙帝都是一代具有雄才伟略的帝王。他们的治水思想既受到了当时科技发展水平、河道本身自然发育状况的影响,也受到了当时政治、军事、经济,以及社会上盛行的哲学思想文化的影响。

(1)先巩固政权再考虑民生

权力社会一切以统治阶级的利益为先,当统治者,特别是君主自身最大的利益受到了威胁时,比如领土主权或者是皇权稳固问题受到了威胁,统治者必然会优先解决这些问题,如果此时发生重大决溢或者水旱灾害,统治者也不会将主要的注意力和投入转向治灾,依然会以巩固政权为先。只有政权稳定,才能将国家的发展中心转移到经济发展和民生问题上。

汉武帝在瓠子决口 20 多年后才下决心彻底治理,维护政权稳固是一个重要方面。对外,汉朝自建立之日起,匈奴就是一大隐患,在边境侵扰不断。汉初,因为国力不足以对抗,采取的是和

亲政策。经过文景之治的休养生息,到武帝时国力蒸蒸日上。汉武帝于瓠子决口前一年,即元光二年(公元前 133 年)发兵 30 万谋单于于马邑,大规模对匈奴作战展开。除征战匈奴,汉武帝还收复南越,开拓西南,征服朝鲜,使得国家更加的统一。对内,他颁布推恩令、削弱诸侯王的势力,设立中朝和刺史、加强君主权力等一系列措施奠定了大一统的政治格局。经济上改革币制、统一铸币,制盐、冶铁、酿酒收归官营等,增强国力、稳定政权。这一时期,汉武帝把国家财政主要投到北击匈奴、西南通夷道以及穿凿漕渠及大量兴建农田水利灌溉工程等事业上(段伟,2004)。

汉武帝是在"封禅"后下决心对决口进行堵塞的。有研究认为汉武帝是因为"封禅"才真正亲眼看到和了解到洪水对灾区人民造成的危害(段伟,2004)。封禅表明当时的国力和财力已经达到了相当水平,更重要的是汉武帝对当时的政治和社会状况的掌控力大大增强,比较有把握。封禅的核心思想是维护皇权的合法性、合理性和权威性(何平立,2005),通过封禅也更进一步加强了政权的稳定,因此才会在封禅后开始更多地关注民生问题。

康熙幼年登基,并不能直接亲政,四位辅政大臣把持朝政,康熙智擒专权跋扈的鳌拜后,才完全夺回朝政大权,亲自掌握了国家大权。康熙亲政后,政局仍然不稳定,以吴三桂为首的三藩反清势力严重影响了大清帝国的统一。只有清朝的统治有了稳固的根基、安定的政治环境,清政府才会将治国的重心转移到经济发展方面,民生问题才会成为头等大事。因此,三藩、河务和漕运虽在康熙眼中同为清政府的中心政务,但实际上,康熙仍以解决政局稳固为先,把处理三藩放在了首位。稳定朝纲后才大力注重河务和漕运这种国计民生问题。

（2）亲自参与治水活动

历史上亲自参与讨论并关心治河方略和治河事业的帝王并不在少数，但是能亲临治河现场并做出相应指导的帝王少之又少，汉武帝和康熙大帝就是为数不多的亲自深入参与治河活动的两位帝王，他们用自己的实际行动表达了对治河事业的支持和决心。

汉武帝于元封二年（公元前109年）下定决心治理瓠子决口，他亲自带队到达决口河堤现场，沉白马和玉璧祭河，命令自将军以下的群臣也参与到堵口中，负薪填决口。汉武帝还积极想办法解决当地堵口材料严重缺乏的问题，"是时东郡烧草，以故薪柴少，而下淇园之竹以为楗"（《史记》），用卫国苑囿里的竹子所制成的楗堵塞决口。他还即兴作了两首《瓠子歌》，第一首描写黄河水患的猖獗和水患造成的危害，第二首描写气势磅礴的堵塞决口场面。

康熙对水利事业的亲力亲为，胜过历朝历代任何一位帝王，堪称帝王治河的典范。为充分了解河务，他细览河防诸书，并参照靳辅历年呈上的河图，标注出险工决口位置，加以研究。康熙在位期间六次南巡，详细视察黄河和运河情况，并对河道的治理提出具体的想法和方案。他曾说"未曾身历河工，其河势之汹涌溏漫，堤岸之远近高下，不能了然"（《清实录》）。康熙还非常重视科学技术，他很小就刻苦学习天文地理和算数，注重对水利学和测量学的研究，并将所学运用于治河实践中，多次亲自进行实地测量，如第三次南巡时在高邮和清水谭一带利用水平仪器测量河水与湖水高度。

亲自参与治河不仅是两位帝王勤政的表现，更是他们对治河事业高度重视的表现。

（3）五行、巫术思想对汉武帝治河活动的影响

瓠子决口后，有 20 余年未能堵塞，重"堵"不重"导"，以及材料匮乏和技术难题是部分原因。汉武帝听信丞相田蚡谗言也是一个重要因素。田蚡因其封地在鄃，位于黄河北岸，黄河决口南流后鄃就没有水患威胁，收成自然就多。《史记·河渠书》记载他上奏"江河之决皆天事，未易以人力为强塞，塞之未必应天"，并勾结方士"望气用数者亦以为然，于是天子久之不事复塞也"。汉武帝听信了田蚡和方士的谗言，对决口置之不理，使河患日益加重，民不聊生。加上汉武帝借口"然河乃大禹之所道也，圣人作事，为万世功，通于神明，恐难更改"（《汉书》），放任河决。

田蚡是汉武帝生母王太后同母异父的弟弟，元光四年（公元前 131），即瓠子决口后的次年春，田蚡病逝。或许田蚡曾因一己之私在决口堵塞问题上出言阻挠，但他对汉武帝在决策上的影响是有限的，最有可能的是田蚡的说辞正好暗合了当时盛行的思想，影响了汉武帝的认知。顾颉刚曾说："汉代人的思想的骨干，是阴阳五行。无论在宗教上，在政治上，在学术上，没有不用这套方式的……有五行之说，以木、火、土、金、水五种物质与其作用统辖时令、方向、神灵、音律、服色、食物、臭味、道德等等，以至于帝王的系统和国家的制度。"（《汉代学术史略》）齐人邹衍创立了"五德始终说"，认为天子得到了五行中的一德，上天显示了符应，皇位才安稳。当他的德衰弱时，在五行中得到另一德的人就会取而代之。汉初认为自承水德，"谓河决乃水德之符应也"（《史记》），既然是符应治理不治理就显得不那么重要了，到汉武帝封禅后才改为实行土德，土克水，大力治水即显得尤为重要和切合事宜了。

西汉，尚处于封建社会的早期，虽然经历了春秋战国时期的

百家争鸣,但尚未形成一个统一的意识形态。而巫术,从远古时期就是人们的精神寄托以及理解世界和处理问题的重要的甚至是唯一的方法,仍然深深影响着汉代人的思想和行为,也在各类事件,特别是自然灾害的处理中扮演着非常重要的角色。汉武帝崇信神明,据《西京杂记》记载:"瓠子河决,有蛟龙从九子,自决中逆入上河,喷沫流波数十里。"汉武帝深信自然灾害由"天"主导,"强塞未必应天",只有通过虔诚的祭祀,与人神进行沟通,才能根治天灾。瓠子决口成灾后,在治理水患方面,汉武帝频繁的祭祀,希望通过方士与上天沟通,将河患的治理寄托于方士,对方士深信不疑。《汉书·郊祀志》记载,元鼎四年(公元前113年),汉武帝因忧河决而贵宠栾大。栾大是一位方士,他声称有堵塞河决的办法,武帝不仅对其拜将封侯,还将自己的爱女许给他做妻子。因崇信神明、畏惧逆天而长期放任河决,通过频繁地祭祀、礼神、敬天,认为如果不顺应天意就会有灾祸降临,这一思想深深制约着汉武帝的政治决策,在其治理河患上反映得尤为明显。

（4）康熙时期党争与治河之争

所谓党争,即官员因政治利益勾结起来形成党派,与不同利益集团进行相互攻击。朋党之争本就是政治上的较量,必然会影响到治河这样关乎国计民生的大事。各党派也常常利用不同治河思想的争论来达到打击对方的目的。

朋党之争自古有之,朋党是君主集权的产物,同时也是官僚制度不可避免的痼疾。因党争而影响治河以北宋最为严重。北宋时的党争十分激烈,加上北宋时期黄河灾害大大超过了前代,河道变迁剧烈,北宋政治的重要特点之一就是河争与党争始终相伴,使得治河活动十分复杂。大臣们从自身利益出发,提出自己的治河见解,河争十分激烈。党争与河争错综复杂地交织在一起,参与争论的人数之多,时间之长,超过历朝历代。宋徽宗时期的任伯雨曾评价说"河为中国患,二千岁矣。自古竭天下之力以事河者,莫如本朝。而徇众人偏见,欲屈大河之势以从人者,莫甚于近世"(《宋史》)。

即使是康熙这样历史上有名的明君,他统治期间也不可避免地会出现党争。不过他善于利用不同政治力量,相互打击,达到平衡朝中大臣的力量对比,在位期间皇权强化。这是他的驾驭臣工之道,是他帝王权术的一个重要组成部分。康熙时期有名的河道总督靳辅的起落,看似是治河之由,其实暗藏着朋党之争。康熙二十四年(1685年)任命于成龙管理下河河务,在修治海口及下河问题上,于成龙坚决贯彻康熙提出的浚深河床排水入海的方案,主张疏浚海口以泄积水,和靳辅发生了严重的分歧。靳辅认为疏浚海口会引起海水内侵,他主张开大河,建长堤,以敌海潮。靳辅出任河道总督,是当时的首辅明珠推荐的。以明珠为首的大学士、九卿站在靳辅一方,支持他阻止下河工程,并与于成龙等人展开了长达数年之久的争论。康熙二十七年(1688年)御史郭琇上疏弹劾靳辅,"靳辅治河多年,迄无成效。皇上爱民,开浚下河,欲拯淮、扬七州、县百姓,而靳辅听信幕客陈潢,百计阻挠,宜加惩处"(《康熙起居注》)。给事中刘楷、御史陆祖修、慕天颜、孙在丰等也上疏弹劾靳辅。之后在得到康熙的暗示后郭琇又上书参劾大学士明珠,说他专权抗旨、结党营私、贪贿受贿,认为"靳辅与明珠、余国柱交相固结,每年糜费河银,大半分肥,所题用河官多出指授,是以极力庇护"(《东华录》)。靳辅亦上疏题参于成龙、慕天颜、孙在丰等人"朋谋陷害,阻挠河务"(《清实录》)。康熙借此宣布将大学士明珠革职,明珠一党多受牵连,勒德洪、余国柱、李之芳、佛伦、熊一潇、赵吉士等也受到了相应的惩处,或被革职,或被解任,或被停职。靳辅被罢官,他的幕僚陈潢也被削职。

靳于之间的矛盾并未终止,于成龙和慕天颜造谣靳辅中河地区的工程要全部拆毁引起当地百姓哄抢河工工料。中河开成后,可使运道避开黄河之险180里,非常方便,但是慕天颜却在于成龙的唆使下勒令中河的漕船尽数退回,康熙得知后勃然大怒,逮捕了慕天颜,训斥于成龙"怀挟私仇,阻挠河务,殊为不合"(《清实录》)。康熙在之后的南巡中再次肯定了靳辅的作为,不久恢复其职。

靳辅在其任上三起三落,他与于成龙的矛盾之初,正是明珠手握大权的时候,朝中重臣大多站在明珠一边偏袒靳辅。他看似先是被明珠党利用,谋取私利。后来康熙帝由靳辅案引发了弹劾明珠案,这次罢黜虽是由河务引起,实际是康熙借机打击明珠并铲除其党羽。与此同时,为避免于成龙方势力做大,加上靳辅治河确有功绩,康熙帝又几次颁旨肯定靳辅的治河成绩。对于成龙等人的不端行为进行了惩处,此时靳辅又被康熙用于消除于成龙之党。而康熙也借治河之争打击了朝中的党派,从而平衡了朝中各方大臣的力量,加强了自己的皇权。

因政治立场的不同,在治河策略的制定与实施中不同政治党派将诸多因素搀杂进来,因而在某种程度上治河活动沦为政治斗争的一种附庸(郭志安,2009)。而帝王让各不相能、政见相左的大臣共处一朝,目的就是让他们相互牵制,以达到在最高统治集团内部消除潜在威胁的目的。帝王如果能够操纵朋党,不被朋党所左右,这种不同党派的斗争,反而能起到相互揭发、相互监督的作用,有利于政治上的清明。反之则会影响政策的正确制定和实施。这是帝王驭臣之术的奥妙之所在。

4.2.3 封建君主专制中央集权统治对治水的影响

小农经济是封建社会的主体经济,是中国封建社会上层建筑赖以建立和存在的基础。这种分散的、以家庭为单位的、自给自足的小农经济,由于经营规模小,抗灾害、自救能力薄弱,经不起严重自然灾害的打击,因此必须由统一的国家机构来承担公共事务,应对危机,处理灾害。这是小农经济的必然结果,也是国家权力机构必须承担的义务。在探讨东方社会的独特道路时,马克思曾指出:在东方,由于文明程度太低,幅员太大,不能产生自愿的联合,所以就迫切需要中央集权的政府来干预。因此亚洲的一切政府都不得不执行一种经济职能,即举办公共工程的职能(《不列颠在印度的统治》,2006)。代表中国文明起源时期治水活动的大禹治水,是治水作为国家职能的开始(谭徐明,邓俊,2014)。治水活动从来就是安邦定国的大事,它与农业社会的经济发展紧密相联,不仅决定着封建社会的经济成败,而且影响着封建王朝的存亡。尤其是古代中国,这个由不同经济区域、多民族组成的国家,必须有个强有力的、集权的、统一的政府,才能符合历史形成的特殊国情和发展。封建君主专制中央集权统治下,国家的控制力与王朝的兴衰相呼应。国家大规模的干预水利事业,表明其控制力正处于上升或者高峰期,随着王朝的衰落,对水利事业的干预能力也随之下降。在封建社会,水利等民生事业同王朝、集权政治的兴衰紧密相关。

应对严重灾害时,封建中央集权制度能将全国分散的人力、物力集中起来,保障老百姓的民生利益,维护和促进经济以及生产力的发展、民族融合以及国家主权的完整。"正是由于中国古代的水患频发,才导致了对于一个有能力充分调动各种资源,从而成功治理水患的强大集权政府的需求"(卡尔·A.魏特夫,

1989)。帝王对于灾害的态度和重视程度可避免发生问题时官员之间的相互推诿,从而真正重视灾害,有效处理和及时应对。当汉武帝真正认识到决口的危害并亲自到现场指挥堵口时,不仅让下属官员和黎民百姓体会到了他治水的决心,更是极大鼓舞了士气,使得堵口活动即使在经费不足、材料紧缺的情况下依然获得了成功,起到了事半功倍的作用。面对重大自然灾害时,人很容易在自然面前显得无能为力,失去了抗灾的信心,产生消极的负面情绪。此时,需要强有力的政府来领导抗灾,才能稳定人心,恢复秩序。通过实施治理水患的活动,特别是救灾活动,可以加强被救援地区居民对统治王朝的认同感,有利于皇权的稳固和维护国家的安定团结。

帝王个人政治品质的优劣在封建君主专制主义中央集权制度中起绝对作用,其个人因素会大大影响时局,稍有不慎很容易因皇权专制形成暴政、官僚和腐败现象。康熙在位期间非常重视皇权的高度集中,政务大小莫不"乾纲独断"。康熙帝常言:"今天下大小事务,皆朕一人亲理,无可旁贷。若要将要务分任于人,则断不可行。所以无论巨细,朕必躬自断制。"(《清实录》)在这种情况下,君主政权垄断,拥有最高的、唯一的、绝对的权力,任何个人与机构都不能违背。这种专家型的领导风格,很容易使君主自我膨胀,要求属下接纳和听命于自己的指挥,如若出现异议,很有可能会引得君主勃然大怒。于成龙等就是利用了靳辅和康熙在对下河治理上的分歧打击靳辅,使一场技术上的争论慢慢演变成一场政治斗争,而与康熙意见相左的靳辅自然会受到惩治。帝王亲自领导治河,虽说是对治河极为重视的表现,然而当具体工程也由皇帝裁决,其他人不得有疑义时,这种独断专权并不利于科技的进步,而下属往往会教条式地照搬皇帝的方法,推陈出新即是冒险,多一事不如少一事,虚与委蛇,妄图蒙混过关。

4.2.4　国家在灾害治理中的职责和作用

当今社会,无论中外,国家或政府在水患等灾害治理中承担着十分重要的角色。国家机器是否合理存在,除了其能够维持常态的社会秩序外,还在于能否有效处理各类社会危机(包括灾害),能否有效处理和调整人与人、人与社会、人与自然的关系(岳军,2010)。

中国特定而复杂的地理和社会环境,决定了对灾害实施治理是国家的职能之一。国家兴盛和国家安全的重要表征之一是国家能否对重大灾害实施有效治理(赵鼎新,2009)。社会自救只能应对常规性的、可预期的、规模较小的灾害。在发生突发的、严重的、大地域范围的灾害时,民间小团体的自救根本无法胜任,必须有一个高度集权的具有强制力的国家来组织实施救助。政府可以通过国家强制手段充分调动庞大的人力和各种资源。降低和减少自然灾害损失的关键因素是强大的国家及其应对自然灾害的能力提高(李砚忠,2015)。国家组织灾害救援可以提高受灾居民的国家认同感。国家和政府能否在灾害救援方面发挥核心和主导作用,甚至可以决定政府主持国家政权的资格。也就是说政府在组织灾害救援时,是否采取了科学的措施,能否科学、有效地组织救援非常关键,甚至与政府的存亡紧密相联。

国家或政府治理的本质是实现公共利益的最大化。因此在面对众多的水问题时,水治理要坚持全局利益下的国家主导,完善从中央到地方的水治理管理机制,在国家主导下,积极调动地方和民间的参与度。

对江河湖海的规划本身就是国土规划的重要组成部分,政府必须是制定规划的主体,在规划的制定中起主导作用。流域的综合治理开发,实际上是一个利用自然资源进行区域经济开发的综合过程,在这个过程中加强政府的干预,可防止资源配置过程中所产生的不公平等问题,有利于资源的优化配置。流域的开发与利用,如果不进行统一规划、综合治理,就会导致开发与资源、环境关系失衡,从而威胁到这些地区经济的可持续发展。政府对流域的治理和干预机制也必须纳入法制的轨道,依法治水。

大国治水或者说政府治水在当今社会经济环境发展中具有十分重要的意义。治水问题不仅仅是个技术问题,它还是关乎国计民生的大事,是整个社会文明的一个重要组成部分。

4.3 历代治水典籍背后的文化与思想

典籍是记录思想和文化最好的载体,在浩繁的历史著作中,治水典籍是中华文化宝库瑰丽的珍宝。对他们的研究,是对历史的了解,更是对文化的传承和发展。

4.3.1 治水典籍分类

（1）水文地理类著作

《尚书·禹贡》是中国第一部水利文献著作;早期的重要著作《山海经》虽不是纯粹的地理书,但它对河流的源头、流向等进行了丰富的水文记载,并且以神话的形式讲述了大禹治水的故事;二十五史中有对江河的发源地、流向、汇流等来龙去脉进行详细描述的《地理志》。不少朝代都编辑有涉及河流的地理总志,如唐代李吉甫的《元和郡县志》;北宋乐史的《太平寰宇记》、北宋王存的《元丰九域志》、欧阳忞编撰的《舆地广记》;元代札马刺丁、虞应龙编纂的《大元一统志》;明代李贤、彭时等撰修的《大明一统志》,

明代夏原吉等纂修的《寰宇通志》、清代顾祖禹《读史方舆纪要》等；东汉桑钦编纂的《水经》是第一部水文专著；北魏郦道元编写了《水经注》将其扩充光大；清代齐召南的《水道提纲》是清初全国水道河系专著；清代孙承泽撰写的《九州山水考》，详细记述了各水道；清傅泽洪主编、郑元庆编辑的《行水金鉴》描述了上起禹贡至康熙朝末年，包括黄河、运河在内的各水系的源流、变迁和施工经过等；清黎世序、俞正燮纂修《续行水金鉴》描述了雍正初年至嘉庆年间的情况；民国时期武同举、赵世暹编辑了《再续行水金鉴》等。

（2）国家通史中的水利专篇

《河渠书》出自《史记》，是中国第一部水利通史，书中第一次提到水利，"甚哉！水之为厉害也"。《汉书》中的《沟洫志》是第一部水利断代史。之后直到《宋史》才又开始出现《河渠志》，二十五史中有《河渠志》的共有 5 部正史（见表 4.1）。

（3）治黄类专著

黄河，作为中华民族的母亲河、中华文化的摇篮，在中国的经济、社会和文化发展中占据了极其重要的地位。黄河是一条善淤善决的河流，在悠久的治水历史中，有关黄河治理的书籍占半数以上。唐贾耽完成了我国历史上第一部以黄河命名的专著《吐蕃黄河录》，记载了黄河上游吐蕃境内山水的首尾源流。元朝沙克什在宋朝沈立原书的基础上改编的以算法出名的《河防通议》；元王喜的《治河图略》、元欧阳玄的《至正河防记》等。从明代开始，中国进入治黄类著作蓬勃发展的时期，出现了数量众多且优秀的治河文献，例如明潘季驯的《河防一览》、刘天和的《问水集》、万恭的《治水筌蹄》；清著名河臣靳辅的《治河方略》、朱之锡的《河防疏略》、张霭生记述陈潢主张的《河防述言》、张鹏翮的《张公奏议》、张希良的《河防志》、麟庆的《黄运河口古今图说》与《河工器具图说》、徐端的《回澜纪要》与《安澜纪要》等（表4.2列举了部分明清时期治河专著）。民国时期林修竹、徐振声、潘镒等撰的《历代治黄史》、于廷鉴所著的《治河刍议》；德国水利专家恩格斯历次所做实验记录汇编而成的《恩格斯治导黄河试验报告汇编》；我国近代水利科学家张含英撰写的《治河论丛》《黄河志·水文工程》《历代治河方略述要》《历代治河方略探讨》《黄河治理纲要》《黄河水患之控制》等。

（4）其他著作中涉及水利和治河的

先秦时期诸多文献都有涉及水文、水利的内容。《管子》中的《度地》涉及了一些水力学原理，《水地》讲述了水质与人的关系，《地员》中有地下水的知识。《淮南子·地形训》描述了灌溉水质与作物种类的关系。《尔雅·释水》是专门解释先秦时期水体、水态的著作。《吕氏春秋》中的《圆道》解释了水循环原理，《乐成》谈到了引漳灌溉，《任地》《辩土》《审时》等对水利多有涉及。《春秋·左传》描述了水旱灾害情况。《国语·周语》阐述了王子晋的治水方略。《周礼·职方式》涉及了农田灌溉。

国家通史中，"五行""食货""地理"诸"志"以及有关的"纪""传"中，记述了各该时代相关水利史的内容（见表4.1）。《食货志》是专门描述经济史的篇名，里面常涉及农田水利和漕运。《五行志》里记录了大量怪异的事，由于古人对灾害认识的局限，常将重大水旱灾害事件看作是超越人力的奇异和诡秘事件记录下来。明徐光启的《农政全书》以及元王祯的《东鲁王氏农书》都有涉及水利农田制度和水利器具。北宋科学家沈括撰写的《梦溪笔谈》畅谈了他个人的治水经验、治水实践体验和科学考察的论断等。

其他如治理江浙一带和其他地区的水利著作在此就不一一赘述了。

表 4.1 正史中水文水利相关信息

二十五史	地理志	河渠志	五行志	食货志
《史记》	—	《河渠书》	—	《平准书》
《汉书》	有	《沟洫志》	有	有
《后汉书》	《郡国志》	—	有	—
《晋书》	有	—	有	有
《宋书》	《州郡志》	—	有	—
《南齐书》	《州郡志》	—	有	—
《魏书》	《地形志》	—	《灵征志》	有
《隋书》	有	—	有	有
《旧唐书》	有	—	有	有
《新唐书》	有	—	有(少量)	有
《旧五代史》	《郡县志》	—	有	有
《新五代史》	《职方考》	—	—	—
《宋史》	有	有	有	有
《辽史》	有	—	—	有
《金史》	有	有	有	有(少量)
《元史》	有	有	有	有
《明史》	有	有	有	有
《清史稿》	有	有	《灾异志》	有

表 4.2 明清治河类专著代表

序号	成书年代	作者	书名	备注
1	明 成化	车玺	《治河总考》四卷	以时代先后为序,汇编自周定王—明嘉靖十七年(1538 年)历代治河之事
2	明 正德	王恕	《王端毅公奏议》十五卷 《王介庵奏稿》六卷	—

序号	成书年代	作者	书名	备注
3	明 正德	王以旂	《漕河奏议》四卷	编辑了王以旂总理河漕时所题奏章
4	明 正德	—	《新河初议》一卷	编辑胡世宁及应期原《议开河疏》以及胡世宁《请与应期同罪疏》
5	明 嘉靖	刘天和	《问水集》六卷	记述了黄河的施工和管理经验，介绍了黄河演变概况和形势利害及其对运河的影响，其中"植柳六法"最为出名
			《黄河图说》	黄河五次入运及治理要略
6	明 嘉靖	郑若曾	《黄河图议》一卷	上起河源，下迄东海，凡为五图。而以历代防浚得失，附论于后
7	明 嘉靖	吴山	《治河通考》	对《治河总考》的增补考订
8	明 嘉靖	游季勋、沈子木、朱应时、涂渊，主事陈楠、张纯、唐炼同编	《新河成疏》	黄河决口，沛县一带泛滥，议在南阳至留城一带开新河
9	明 隆庆	曹胤儒	《河渠考略》二卷	黄河水患沿途见闻
10	明 隆庆	李颐	《奏议》二卷	编辑李颐总督河槽和其历任官职所上奏疏
11	明 隆庆	潘凤梧	《治河管见》四卷	其书多作歌括，立名诡激，而词意实浅近
12	明 万历	万恭	《治水筌蹄》	阐述了黄河、运河河道演变和治理，首次提出"束水攻沙""以水刷沙"的理论和方法
13	明 万历	潘季驯（父）潘大复（子）	《河防一览》十四卷	阐述了潘季驯"以河治河，以水治沙"的治河主张
			《宸断大工录》（两河经略）四卷	有关修守事宜、河防要害、科道会勘河工奏疏
			《两河管见》	主旨与《河防一览》大抵相同
			《留余堂集》	—
			《总理河漕奏疏》十四卷	潘季驯四次主持治河奏疏的汇编
			《河防一览榷》十二卷	潘季驯的儿子潘大复在《河防一览》的基础上，删除重复，精简成此书

序号	成书年代	作者	书名	备注
14	明 万历	庞尚鸿	《治水或问》四卷	以问答形式阐述作者的治河观念
15	明 万历	吕坤	《河工书》	河务以及与总河往来书信
16	明 万历	张复	《黄河考》	论述河患、治河方略
17	明 万历	吴道南	《河渠志》一卷	三篇涉及运河、黄河和通惠河
18	明 万历	黄克缵	《古今疏治黄河全书》	主张应顺应河性疏导，列举了明代河决，未进行疏就堵塞的危害
19	明 万历	黄承元	《河槽通考》上下卷	上卷论河防，下卷论漕运
20	明 万历	曹时聘	《治河奏疏》一卷	收录了曹时聘任总河期间的六疏
21	明 万历	李化龙	《治河奏疏》四卷	奏请疏凿泇河以通运道
22	明 天启	朱国盛	《南河志》	详细记述了黄河、淮河诸水疏治事宜
23	明 天启	—	《黄运两河考议》六卷	纸上空谈，欲复九河故道，引全河北趋以归海
24	明 崇祯	李若星	《总河奏议》四卷	治河工程与钱粮诸事
25	明 崇祯	周堪赓	《治河奏疏》二卷《河渎奏疏》	督修汴河督修汴河
26	清 顺治	孙承泽	《河纪》二卷	详细记述了黄河的各个环节以及各个时期的黄泛记录，为筹划漕运而作
27	清 顺治	朱之锡	《河防疏略》二十卷	一带"河神"朱之锡治理黄河、运河的经验
28	清 康熙	靳辅	《靳文襄公奏疏》八卷	汇编了靳辅任河道总督期间的治河奏疏
			《治河奏绩书》四卷	详细记述了黄、淮及运河干支水系的情况、堤工修筑以及各河疏浚事宜、施工、河夫情况、闸坝修规、船料工值等
28	清 康熙	靳辅	《治河方略》十卷	着重阐述了黄、淮、运河决口和治理过程，详细记述了靳辅及其幕僚陈潢的治河理念。附陈潢《河防述言》
29	清 康熙	王士祯	《水月令》	黄河各季节水文特征
30	清 康熙	张鹏翮	《张公奏议》二十四卷	张鹏翮治河思想

序号	成书年代	作者	书名	备注
31	清 康熙	张伯行	《居济一得》八卷	记录了张伯行任济宁道时的治河经验,特别是对山东段运河的坝闸堤岸、水利设施建设和运河的管理与治理进行了说明
32	清 康熙	张希良	《河防志》	根据张鹏翮的《张公奏议》编写
33	清 康熙	崔维雅	《河防刍议》六卷	反对靳辅减河之说 治河有七法。曰引河,曰遥堤,曰月堤,曰缕堤,曰格堤,曰护埽,曰截坝
34	清 康熙	薛凤祚	《两河清汇》	"编述之体","致用"为宗
35	清 康熙	周洽	《看河纪程》三卷	受靳辅所嘱
36	清 康熙	王份	《黄河考》	纵述黄河历代重大迁徙轨迹
37	清 康熙	刘士林	《治河要略》五卷	以行所无事为治水之法,以尽力沟洫为治河之要
38	清 雍正	田文镜	《总督河东河道宣化录》三卷	田文镜任东河总督时治河奏疏
39	清 雍正	胡宗绪	《对河决问》	通黄河于卫海
40	清 雍正	嵇曾筠（父）	《防河奏议》十卷	前九卷为嵇曾筠治河奏疏,末卷专论河工建筑和水工技术
	清 乾隆	嵇璜（子）	《治河年谱》	—
41	清 乾隆	陈法	《河干问答》	"治河之道路毕焉"
42	清 乾隆	刘永锡	《河工蠡测》	难于治河也,难于得人也
43	清 乾隆	冯祚泰	《治河前策》二卷 《治河后策》二卷	《前策》主要论述《禹贡》水道及黄河历代迁徙路径。《后策》主要分析当时治河利病
44	清 乾隆	郭起元	《水鉴》六卷	其中有《黄河源流》一篇
45	清 乾隆	沈光曾	《安澜文献》一卷	编辑明清朝修治南河大要
46	清 乾隆	白钟山	《豫东宣防录》六卷 《续豫东宣防录》一卷	编辑白钟山任河督期间的奏疏和治河理念
			《南河宣防录》二卷	河工奏议
			《纪恩录》二卷	任东河总督时奏疏

序号	成书年代	作者	书名	备注
47	清 乾隆	裘曰修	《裘文达公奏议》	治河不外疏筑，而筑不如疏
48	清 乾隆	纪昀	《河源纪略》三十六卷	记述了乾隆时期探索河源的情况
49	清 嘉庆	康基田	《河渠纪闻》三十卷	按年编次、夹叙夹议
50	清 嘉庆	—	《钦定河工则例章程》十四卷	工部为南河岁修工程物料规定的章程则例
51	清 嘉庆	黎世序	《黎襄勤公奏议》六卷	黎世序担任南河总督时奏疏
52	清 乾隆 清 嘉庆	—	《南河成案》五十四卷 《南河成案续编》	历年来的汛情水势、调拨银两、奏修堤坝、疏通河道、保举防汛人员、采办物料、估办各项工程银两明细及清帝谕旨等
53	清 嘉庆	—	《嘉庆河工奏稿》	收录了河督稽承志与河南巡抚马慧所上河工的奏疏
54	清 嘉庆	—	《河幕学例》	专为初学河工者编写
55	清 嘉庆	徐端	《回澜纪要》二卷 《安澜纪要》二卷	相当全面的记载了清朝的河工技术
56	清 嘉庆	凌鸣喈	《疏河心镜》	—
57	清 道光	包世臣	《中衢一勺》 《附录》	盐漕水利
58	清 道光	徐璈	《历代河防类要》六卷	收集正史和通鉴纲目中有关治河的史料
59	清 道光	范玉琨	《佐治刍言》	河工事宜
			《安东改河议》三卷	安东河口改道
60	清 道光	丁恺曾	《治河要语》	堤工、堤漏、河决、塞支、开引、埽工、坝工、训练篇
61	清 道光	严烺	《两河奏疏》	严烺任南河总督和东河总督时奏章
62	清 道光	栗毓美	《栗恭勤公砖坝成案》	抛砖筑坝

序号	成书年代	作者	书名	备注
63	清 道光	完颜麟庆	《治河奏疏》	对传统的蓄清刷黄提出批评
			《河工器具图说》	收集历代河工器具254种
			《黄运河口古今图说》	反映明至道光年间黄运交汇之处的主要变化，考证沿革论证得失
64	清 道光	—	《河幕撮要》二卷	黄河初学须知
65	清 咸丰	孙鼎臣	《河防纪略》四卷	清初至咸丰年间治河大事、重要治河议论
66	清 同治	李大镛	《河务所闻集》六卷	河工实用技术、规章，堵口合龙规范
67	清 同治	袁青绶	《南河编年纪要》五卷	记事编年体
			《河工备考》二卷	—
68	清 同治	陈士杰	《陈侍郎奏稿》八卷	
69	清 光绪 清 同治	刘成忠（刘鹗之父）	《治河五说》	强调"费民垫、宽河身"的做法不可行
			《治河续说》	对《治河五说》的补充，提出"修民垫束水攻沙""筑斜堤澄淤填堤""建滚坝播河涨泄""补大堤同河启塞"四种措施
			《历代黄河变迁图考》四卷	历数黄河河道变迁、河道走向、接纳支流、两岸堤坝等情况
			《河防刍议》	河南境内黄河险工事宜
70	清 光绪	潘骏文	《潘彬卿方伯遗稿》六卷	河南、山东河务
71	清 光绪	许振祎	《许仙屏督河奏疏》十卷	—
			《奏定东河新设河防局章程》	力主改章设局，革除旧弊
72	清 光绪	张瀛奎	《铜瓦厢金门下黄河串运入海情形图》	—
73	清 光绪	清东河署编	《敕封大王将军传》	考察"六大王、六十四将军"生平
74	清 光绪	徐渭	《敕封朱、金龙四、黄、栗大王传》	河神

序号	成书年代	作者	书名	备注
75	清 光绪	盛沅	《凌河事例》	明清两代治河名人著述、奏议要点
76	清 光绪	易顺鼎、刘鹗等纂，顾潮等测绘	《三省黄河图》	中国第一次用近代技术实测的黄河图
77	清 光绪	—	《山东黄河全图》	山东黄河河道形式及两岸工程
78	清 光绪	梅启照	《中国黄河经纬度里图》	以北京为本初子午线，纵横每方每里注有经纬图
79	清 光绪	陈虬	《治河议》	治河三策
80	清 光绪	蒋楷	《河上语》	河工术语，河工名词词典
81	清 宣统	周家驹	《河防辑要》四卷	子目类颇详细
82	清 宣统	—	《黄运两河修防谕旨奏疏章程》	收录咸丰五年（1855年）至宣统三年（1911年）的谕旨、奏疏和章程
83	清	李世禄	《修防琐志》二十六卷	河工技术手册
84	清	—	《山东黄河河道工程图》	铜瓦厢改道后山东黄河河道形势和沿河工程
85	民国	周馥	《治水述要》	历代治河成案
			《河防杂著四种》	包括黄河源流考、水府诸神祀典记、黄河工段文武兵夫记略、国朝河臣记

注：资料统计主要来源于《黄河人文志》（黄河水利委员会黄河志总编辑室，1994）、《历代治水文献》（靳怀堾，2011）、《明代治河类著述略说》（葛文玲，2007）、《中国古代水利名著》（朱更翎，1986）、《水利史研究溯源》（朱更翎，1981）、《关于中国古代水利文献的基础研究》（罗潜，2001）、《古代典籍与古代水利》（张骅，2001）等文献。

4.3.2　从治河典籍窥看中国古代科技发展

从明代开始治河类专著大量涌现，出现了数量上的飞跃，或许可以从以下几个方面加以分析。①研究黄患的人大量涌现必然是因为这个时代河患频发，且对人民的生产生活，甚至国家的安定存亡造成了威胁。明代就是这样一个时期，黄河河患多发，大小河患接连不断。②对河患等实际问题的关注深受明中后期出现的经世致用思潮的影响。更加切合国计民生是治河类论著涌现的深刻思想源泉。③前代对治河的研究和经验给明代人的治河研究打下了深厚的基础,明代人在此基础上厚积薄发,对河患的认识更为深刻,加上实践上更有经验,提出了各种治河主张,如分流论、合流论、改道论、沟洫治河论,认识到治理黄河的根本问题是泥沙问题,要利用河水本身的冲力以河治河等。④河道、漕运等对社会生产力、国家的稳固越来越重要。明朝国家经济上对大运河更为依赖,河患往往影响运道的通塞。政府对河道和漕运治理极为重视,中央直接派设专职机构管理河道及漕运。中央派往黄河、运河的负责官员也是属于一个单独的系统,明代称作总理河道,清代是河道总督,级别与地方行政长官大体相当,并经常兼有兵部尚书右都御史、兵部侍郎副都御史或佥都御史等头衔,品位高,权利大。朝廷对水利事业的重视推动了全社会对水利发展的关注,相应的各种研究典籍必然大量涌现。

大部分治河类专著是由当时负责治理河道的官员所写,特别是明清时期这类著作大都是由任总河的官员撰写,或是其任期内相关奏疏,或是阐述其治河理念,或是其考察见闻与认知,非常务实且有针对性,很实用。

同任何科学技术的发展一样,河工和水利工程技术源于治河实践,并随着实践的发展而不断向前推进。而且,基础治河理论和应用河工技术是相互促进的。河工技术高速发展的基础是大规模的治河工程、运河工程等建设实践。由水利施工经验而产生的河工著作,既是当时水利工程施工水平的标志之一,也是当时科技发展水平的标志之一。

一方面是明清时期治河类书籍的大量涌现,反映了中国古代科技的发展。另一方面,我们也清楚的认识到直到公元 13 世纪也就是宋灭亡前,中国的科技水平一直遥遥领先于西方(李约瑟,1975)。15世纪也就是明代之前,中国的发明和发现远超欧洲(李约瑟,1975)。然而15世纪以后,中国古代科技逐渐走向衰落。一个很重要的原因是古代中国匠人地位低下得不到尊重,一些技艺常被视为奇技淫巧而得不到发展。封建君主为了加强对士子在文化上的控制,只鼓励读圣贤书,明代开始采取八股取士的科举制度,更加禁锢思想。与河工技术密切相关的数学、物理、工程等知识和技术都不在应试的范围之内,极大地打击了民间学习这些知识的积极性。明代还禁止私人学习立法编算,严重影响了高深数学及其他科学技术的发展。作为宋代数学重要成就之一,并在元代重新修订的《河防通议》中谈到的在河工算法中应用的天元术(郭书春,1997),到明清时期居然乏人问津成了绝学。基础科学理论知识都得不到发展,更不要说应用技术的发展了。这种思想上的禁锢和文化上的专制导致了封建社会中后期科学知识的极度匮乏。

虽然明清时期已经有西方人游历到了中国,并带来了西方先进的科技,但是当时的当权政府并没有积极吸收或是学习西方的经验。连喜欢钻研的康熙帝都认为洋人的东西都是些"奇技淫巧",不予推广。明清的大量治河类专著中并未出现西方人参与治河的描述,也没有西方人治河理论或实践的书籍。直到民国才陆续有西方人参与到中国的治河事业中,并发表了相关的论文和论著。封建的中国社会长期以来学术环境相对封闭,与外来文化缺乏交流,阻碍了科技的发展和进步。李约瑟曾指出,中国早先几乎与世隔绝,存在排外的社会因素,从中国传出去的东西比传入的东西多得多。

长期以来,对于技术,人们在潜意识里形成了一种实用主义的价值观念,看作是富国的手段,而我们更应该看到的是河工技术是带有民族文化传统和民族文化心理的,值得我们从文化层面予以深度思考。这些治水典籍中流传下来的风俗、仪式、宗教信仰、哲学理念、伦理情怀、思维方式等文化元素不会因朝代的更替、国家的兴衰而消亡,反而一代代传承下去。

4.4 小结

漫长的封建社会,各项水利工程随着科技的发展程度在实践中不断发展推进。我们不否认巫术、鬼神文化在传统治水中的心理支撑作用,不过封建社会的主流治水理念仍然是以古代朴素唯物主义思想为基础,遵循从客观实际出发,在顺水性的基础上因势利导,根据河流的变迁、两岸的自然环境因素和人文环境因素制定治河方略,辩证地看待治河中出现的一些矛盾关系。每一种治河方略的出现,不仅深受当时社会和科技发展的制约,更体现了其背后的哲学思想文化。中国封建社会的经济形式与特征决定了必须由统一的中央集权政府来承担抗灾、兴修水利等公共事务。王朝干预水利事业的程度也与王朝的兴衰和控制力成正比。在这种高度集权的君主专制环境下,帝王个人的政治品质、哲学思想对治河影响极大。漫长的治水历史给我们留下了丰富的治水著作和典籍,这些瑰宝带有强烈的民族文化心理和传统,它们所体现的文化元素不会因朝代的更替而消亡,会一代代继续传承和发展。

第 5 章

兴利除害的治水文化

从清末至中华人民共和国成立后的 20 世纪 70 年代末期,随着科学技术的高速发展,建设规模较大且复杂的水利工程成为可能,并被不断实践。中国的治水文化进入了兴利除害阶段,即兴建大中型水利工程达到除水害的目的。在这期间,既取得了一些瞩目的成就,也突显出了相当多的问题。

5.1 近代西方科技发展对治水文化的影响

清朝末期,科技落后、政府昏朽,西方帝国主义用长枪大炮打开了中国闭封的大门。与此同时,西方近代的科学技术也渐渐传入中国。清末中国向国外派遣的留学生也越来越多,知识分子开始注重学习国外先进的科技,中西方科技往来愈发频繁,西方人员在中国科技工程方面参与度越来越高。

5.1.1 近代科技对治水事业影响的表现

(1)吸收和传播西方先进科技思想和理论

19 世纪以来,科学技术在理论、研究手段、工程材料等方面都有了长足的发展,水利科学技术也随之有了重大突破。随着水力学、结构力学、土力学等学科的创立和发展,工程地质勘测、大地测量、水文测量、地质钻探技术的深入实践和发展,特别是水利工程机械和水泥、钢材等建筑材料的运用,使得建立在科学基础上的近代水利建设规模较大且复杂的工程成为可能。清朝末年,西方水利科技已经开始传播;民国时期,新科技在水利上的运用更为广泛,特别是在黄河的治理上。

① 水文测量、大地测量和地质钻探

民国时期水文测量技术在测验工具、测量手段、内容方法上都有了根本的变化,先进的测量仪器和设备被推广,现代的测量概念被引进中国。水文测验从最先的雨量和水位的观测发展到综合测验。测量的内容逐渐发展至水位、流量、流速、横断面、泥沙等多方面、多角度测量。1948 年,全国共有水文总站 18 处,水文站 191 处,水位站 245 处。直至 1949 年中华人民共和国成立,仅黄河流域共建有水文站 33 个,水位站 28 个,开展了大量的泥沙、流量和汛期水位等水文测验。(《中国水利史稿》编写组,1989)

大地测量技术也被在全国范围内开展了。光绪十六年(1890 年),按段测绘,完成了河南阌乡金斗关至山东利津铁门关间的河道测量,结果装订为《御览三省黄河全图》。这是黄河上最早用新法测出的河道图。民国三年(1914 年)陆军测量局依据北洋政府参谋部下达的任务,施测比例尺 1∶100000 及 1∶50000 地形图。民国八年(1919 年)国立北京地质调查所在黄河流域进行地质调查,这是首次在黄河流域进行的区域性地质调查,绘出了太原、榆林1∶1000000 地质图。民国十一年(1922 年)春,陕西省水利局测量得到了引泾灌区 1∶20000 地形图,到民国十三年(1924 年)完成合计 896 平方千米的地形图。这是黄河流域内省属水利局最早测绘完成的现代地形图。同年,扬子江水利委员会成立测量处,聘任美国专家史笃培先生为总工程师,对扬子江汉口到江阴段的航道第一次实施了精密水准测量。1927 年对太湖也进行了精密水准测量。民国二十三年(1934年),黄河水利委员会设立精密水准测量队进行精密水准测量。到民国三十七年(1938年)完成了从青岛至兰州2586千米的精密水准测量。

航测这一新兴技术日渐用于河道测量。民国二十二年(1933年),黄河水灾救济委员会委托军事委员会总参谋部航空测量队航测下游灾区水道堤防,测得河南长垣大车集至石头庄比尺1:7500的堤防图和长垣冯楼一带1:25000平面地形水道图。之后又在开封、兰封、考城、巨野、长垣、东明等县灾区航空摄影42幅。20世纪30年代为配合实施水利发电规划工作,对黄河三门峡、龙门、壶口以及长江三峡等坝区进行了航测。

光绪二十四年(1898年)至二十九年(1903年)为修建郑州黄河铁路大桥,第一次进行了黄河河床地质工程钻探。民国二十三年(1934年),黄河水利委员会在眉县钻探渭河拦河坝基,最深到达6.7米,共钻穴17个。这是首次在黄河上使用土钻来进行坝基土质钻探。20世纪30年代,勘测兰州黄河铁桥,使用手摇钻进行了工程地质钻探(《中国水利史稿》编写组,1989)。

② 国际交流

清末开始,外国人对黄河流域的考察、探险和测量不断。起先是对黄河上游和河源地区充满好奇,之后更为关注与黄河相关的各项科学研究。

民国六年(1917年),美国工程师费礼门受北洋政府聘请来华对运河进行改善工作,研究黄河和运河的问题。费礼门考察黄河后,认为应该在黄河下游比较宽阔的河道内筑立用丁坝保护的直线型堤防,来窄束河槽,渐渐刷深。民国八年(1919年),他再次来华,并于1922年出版了《中国洪水问题》。民国十二年(1923年),费礼门委托德国水利专家恩格斯进行了黄河丁坝试验,在累斯顿工业大学的水工试验室,他研究了修筑丁坝窄束河槽、堤岸与丁坝形成的角度、坝头的形式,以及丁坝与丁坝的距离等,并著有《黄河丁坝试验简要报告》。在德国进修水利的我国的郑肇经先生亦参加了此次试验。之后,恩格斯又发表了《制驭黄河论》。民国二十一年(1932年)七月,恩格斯教授在德国奥贝那赫瓦痕湖水力试验场做治导黄河大型模型试验,研究堤距的变化对河槽冲刷产生的影响。试验结果显示:大量缩窄堤距后,河床在洪水时水位非但不能降低,反而会有所抬高。"河道之刷深在宽大之洪水河槽较之狭小之河槽为速"(沈怡,1935)。民国二十三年(1934年)二月,全国经济委员会委托恩格斯对黄河水工再次进行了模型试验,并采用了从国内带去的黄土作为河床质,两次试验结果相同。

③ 水工试验和泥沙分析

19世纪末,世界上第一所河工实验室在德国诞生。中国最早的河工试验均是由外国专家、教授主持完成的,特别是德国教授恩格斯对黄河水工实验的发展做出了不凡的贡献。1931年,中国水利工程学会提出效仿欧美设立了国立中央试验馆。民国二十二年(1933年),黄河水利委员会、国立北洋工学院和河北省立工学院等9所水利、科研、大学在天津元纬路工学院合作筹建了"天津第一水工试验所",这是我国设立的第一个水工试验所。第一水工试验所开展的试验与水利工程密切相关,实用性较强。1935年,在南京创立了中央水工试验所进行扬子江水道试验和导淮入海试验。同年,武汉大学兴建了华中水工试验厅。

民国二十一年(1932年),为了第一次进行黄河河床质泥沙颗粒分析,山东河务局及导淮委员会和华北水利委员会,在利津宫家坝和济南泺口黄河河道断面处,分别采取的左、中、右三处河床质泥沙样本寄至德国汉诺佛水工试验所。民国二十三年（1934年）八月，黄河水利委员会在开封黑岗口黄河最高水位时采样，请华北水利委员会进行了分析，这是黄河上进行的首次悬移质泥沙颗粒分析。

④ 新型材料和先进设备运用

清末和民国时期电报、电话、无线电台、河底电缆的架设大大加快了通信联系和汛期传递。铁路在物资运输上的便捷性使得从光绪年间就开始使用小铁路运输土料。光绪十六年（1890年）二月，山东巡抚张曜鉴于路轨运土工效倍增，在天津订购铁轨"一千零八十丈"以及铁车若干。水泥和钢材在近代水利工程中日渐成为关键的材料。光绪十四年（1888年），黄河堤工中首次使用了水泥。光绪十五年（1889年），山东巡抚张曜订购了两只法国德威尼厂制造的挖泥船送至黄河口试用。光绪十七年（1891年）新旧合璧，采用轮船拖带传统疏浚机械混江龙。民国十七年（1928年），第二集团军总司令冯玉祥指令，由省政府拨款10000元给河南河务局购买吸水机和发动机，安装在斜庙和柳园口的黄河大堤上，抽吸黄河水灌溉孙庄和老君堂一带5400亩耕地。新型材料的运用大大提高了农田水利的效力。民国三十四年（1945年），位于甘肃天水西郊藉河下游的天水水力发电厂建成发电。该工程从师家崖附近筑坝引水，渠长3300米，安装两部200千瓦发电机，引水每秒3立方米。

⑤ 水土保持工作的开展

民国十三年（1924年），金陵大学森林系美籍研究教授罗德民博士同其他助教一起，在山东林场、宁武东寨、山西沁源等处设置了小型径流泥沙试验区，观测无植被山坡和不同森林植被水土流失的情况，这是我国首次采用径流小区的观测方法研究坡地水土流失规律。民国二十五年（1936年），黄河水利委员会经报请全国经济委员会批准,在河南灵宝设立防止土壤冲刷试验区,这是黄河流域设置的水土保持的最早的试验场地。民国二十九年(1940年)八月一日,林垦设计委员会在成都召开了首次林垦设计会议,在此之前,我国还没有"水土保持"一词,基本使用"防止土壤冲刷"等术语。这次会议明确了以"水土保持"一词取代"防止土壤冲刷"等术语,并决议通过,积极推动西北水土保持工作。

（2）水利科技人才的培养

近代科学技术的不断推进更突显出对水利科技人才的迫切需求。1915年,张謇在江苏高邮设立了专门培养水利测量技术人才的"江苏河海工程测绘养成所"。同年,李仪祉等在南京成立了中国第一个水利高等教育学校——"河海工程专门学校"。河海工程专门学校的创办,培养了一大批水利专门人才,对中国现代水利工程和科学研究事业起到了开拓和推动作用。1925年,李仪祉创办了陕西水利道路工程专门学校,1931年倡办了陕西省水利专修班。之后,水利工程系在很多综合性大学开设。此外,由水利专科、中等和初等组成的多层次水利职业教育系统陆续开办了起来。

（3）水利经营管理模式的转变

随着近代社会的不断开放和进步以及商品经济的不断发展,水利事业的经营由原有的单纯依靠中央集权统治的财政支持渐渐转变为由社会和民间资本投入参与经营。

1898年,湖南乡绅们就筹办了水利公司,并发行股票,目的在于抗涝防旱、救护农田及疏泄积水,并积极推广国外汲水机器兴利除害。张謇参与和主持筹办了多个水利公司(李凤华,2013)。浙江宁波的商人在1912—1948年间通过捐资的形式,组织各类大规模的治水活动。1934年,在广西出现了由地方政府与国家银行共同投资合办的水利工程建设经济实用体(邓锦荣,梁惠茜,1992)。20世纪30年代,云南省政府会同国民政府行政院经济部农本局合组了农田水利贷款委员会,实施了一批水利工程(李勤,2005)。在水利开发建设中,水利工程招标承包制度也逐渐被推广开来。

5.1.2 近代治水事业的特点

(1)打破思想僵化和传统束缚,引进西学

几千年的中国传统治水思想是在漫长的封建社会中慢慢沉淀下来的,建立在封建君主专制主义中央集权制度和小农经济基础之上,因此不可避免地带有与之相应的保守性和封闭性。尤其当西方科技奋起发展时,中国传统水利的不足和弊端日益显著。此时的中国虽是被动采取了"中学为体,西学为用"的方针,一方面派留学生出国学习西方新技术,一方面在国内开办"洋学堂",介绍并传播西方科学技术,并积极促进中西方科技文化的交流,吸收西方科技人员参与到中国的水利事业建设中。在这种氛围下,国人开阔了眼界、活跃了思想、学习了新知识,表现在治水上,更是积极推崇、广泛应用西方先进科技。近代治水是逐步建立在将西学与中学相结合的近代科学基础之上的。

(2)开始重视实验观测和定量分析

虽然我们也有浩如烟海的古代水利著作,但大量的水利著作仅仅限于对水利实践和官员治水活动的记录,仅仅限于定性的分析,对水利技术的论述较少。明代以来,封建君主为了加强对士子的控制,鼓励对四书五经的学习,而对与河工相关的数学、物理、工程等方面的知识采取打击和禁锢的态度,从而导致治水这种应用性极强的活动得不到有力的技术力量的支撑,加上闭关锁国的政策,使得掌管治水活动的官员以及参与治水活动的相关人员轻视或者不懂自然科学,更不要说进行相应的科学实验观测和定量分析了。缺乏科学实验,就无法进行科学分析和总结,这也是封建社会晚期,中国治水活动发展遇到瓶颈的重要原因之一。清末到民国时期,随着新科技的传播,中国治水领域也有了新的活力。由对自然科学的重视发展起来的对待治水活动的科学态度,使得科学观测、实验分析和定量研究逐步在治水活动中常态化。

（3）由官员治水转变为专家治水

传统治水活动一个显著的特点是官僚治水,而这些官僚大多重驭政之道,轻自然科学,有的甚至不是治水出身,而是从别的领域调任过来。对治水重视的官员尚能一边实践一边摸索治河之道,马虎的不是一味教条遵循古法,就是在臆想中做出决定,更有甚者把治水当作发家致富的途径。近代,随着封闭式水利格局的打破,治水从旧有官僚治水步入专家治水阶段。这些专家基本上都是西方先进科学技术的传播者和拥护者,他们致力于将西方先进的治水理论和方法应用于中国的治水事业中。他们还与国外学者专家保持良好的关系和密切的联系,请国外专家指导和参与中国治水活动,李仪祉先生就是他们当中杰出的代表。在这些治水专家的引领下,中国的近代治水事业向着更科学的道路前进。

（4）民间资本的参与

诞生在清末的民间资本对水利事业的参与是政府主张开办实业、鼓励发展资本主义经济的反映,它促进了西方先进科技和机器设备的推广和传播,对农田水利和河流治理事业的近代化以及早期民族资本主义的发展具有不可磨灭的促进作用。

民间资本的参与缓解了政府支撑水利事业经费紧张的矛盾,因此普遍得到了当局政府的支持。民间资本的参与不失为对水利事业进行开发的一种有效途径。乡绅和商人利用自己的资本以及在地方的人脉、信誉，积极兴修水利，不仅做了实事、好事，也通过这一系列的活动加强了自身的威望，增强了他们的政治自信。水利事业与金融资本的结合，水利企业化经营的尝试，提高了各地水利建设的积极性，大大提高了水利建设的效率。

5.1.3　近代科技进步对治水文化的影响

科技发展对水利事业的近代化和促进作用是不言而喻的。近代中国人冲破旧有思想的束缚，打破了封闭的格局，看到了近代科技的伟大力量，有识之士甚至发出了"水利救国""科技救国"的呼吁。以西方先进器械和理论为载体的水利开发和传播促进了治水事业的多样化和科学化，中国治水事业从古代科学技术走向近代科学技术办水利的重要发展阶段。治水文化亦随之发展到了崇尚科技治水的阶段。

历史唯物主义告诉我们，我国古代水利事业及其技术的发展的阶段性和社会生产力发展的阶段性相一致。水利事业的发展推动和影响着社会生产力的发展，而水利及其水利技术发展在一个时期的总体水平，总是受当时社会生产力的水平，特别是生产工具水平的明显制约（王规凯，1984）。春秋战国时期铁制工具的产生促进了大型灌溉渠道的诞生。火药和水泥的相继发明，更是把水利技术和水利工程发展到了一个全新的阶段。

水利科技的发展是水利工程建设的理论基础，工业大发展提供了水利工程建设的设备和材料的保障。过去因为受客观条件限制而无法兴建的水利工程有了实施的可能性。随着结构力学、土力学和水力学等水利相关学科的发展，近代水利工程逐渐有了坚实的科学基础，建设复杂而较大规模的工程成为可能。马克思曾概括过："用人力兴建大规模的工程占有或驯服自然力——这种必要性在产业史上起着最有决定性的作用。"也就是说,近代水利曾经起过的重要作用是利用水利资源来发展社会生产力并促进产业革命的发展(娄溥礼,1986)。

中国近代治水事业,是在清末满清政府的昏朽,以及帝国主义列强的野心下一步步发展起来的。虽然步履艰难,不仅政治大环境恶劣、时局动荡,而且堤防残破、河务腐败、财政紧张。但是有识之士们依然秉承一颗拳拳报国的赤子之心,坚持尊重科学、深入研究的探索精神,吸收西方先进的水利科技理论和技术,将近代中国的治水事业缓缓向前推动,使得近代中国无论在治水理念还是治水工程建设上都有了重要的发展。这一时期无论从器物层面,还是从思想上,亦或是从治水文化上,都是中国水利事业发展史上一个重要的承前启后的阶段。没有这一时期相关资料的收集整理,没有近代科学技术力量的蓄积、知识的学习,没有近代水利技术人才的逐步培养,很难形成中华人民共和国成立后大兴水利、日新月异的局面。

5.2　人定胜天思想下的治水运动

中华人民共和国成立后,百废待兴。1949—1952年的三年时间里,中国继续建立和巩固人民民主专政,恢复和发展国民经济。1953—1957年,第一个针对国家重大建设项目和国民经济比例的五年计划完成,国民经济快速增长。中国逐渐成了具有初步工业体系的社会主义国家,人民的建设热情高涨。党和政府高度重视治水事业的发展,把水利建设作为社会稳定和恢复生产的重要措施,人民治水拉开了治水史的新篇章,开展了史无前例、轰轰烈烈的治水活动。这一时期,开展了大规模的水文、气象、河道、地质观测的定量研究,收集了大量基础数据。随着社会的发展,科技的进步,人类改造自然界的能力必然显著提高。随着人类改造大自然能力的显著提高,人类的自信心极度高涨,已由原来的崇尚科技渐渐产生了人定胜天、科技可以改造一切的思想,在治水上的表现亦是如此。在治水上,这一时期坚持兴利除害的治水文化。

5.2.1 科技进步促进治水能力不断提高

（1）大规模勘测活动和新技术应用

① 勘测调查

中国恢复和发展国民经济后,为了各类水能资源的开发,全国范围内大规模的水文、泥沙、气象、地质等自然要素的勘测轰轰烈烈地开展了起来。这一时期的勘测活动比民国时期参与勘测的专家学者人数更多、参与人员涉及的领域更广、规模更大、勘测幅员更广阔、技术更为先进和精准、勘测内容更为翔实和综合、结果更为详细和科学。为防洪大堤的建设、水能水资源的开发利用、流域综合利用规划提供了基本的依据,奠定了基础。

仅黄河流域就进行了多次大规模的勘测活动。1950 年 2 月,黄河水利委员会(简称黄委会)成立测量总队,下设二、三、四、五测量队和精密水准队,同年 6 月,黄委会第二测量队完成了河套黄河北岸 450 千米防洪堤线及 20 多个黄河大断面的测量任务。同时,黄委会查勘队测绘了龙门、三门峡、八里胡同、小浪底四处坝址的地形、地质图,详细观察和记载了这些地方河道冲淤、河岸坍塌、沟壑发展、河系关系和交通航运情况。7 月,水利部联合苏联专家和黄委会,查勘了黄河上潼关至孟津河段,对潼关、三门峡、八里胡同、王家滩、小浪底等水库坝址进行了调查研究。1953 年,兰州水力发电筹备处和北京水力发电总局组成综合测量队,对黄河中上游河段进行了全面钻探和勘测。他们提交了龙羊峡至兰州河段约 1500 平方千米的 1:25000 地形图,揭开了开发黄河水能资源的序幕。同年,由水利部、中国科学院黄委会、林业部、农业部和下属的科研院所组成共 500 余人的 9 个查勘队,对黄河 20 多条主要支流,进行了水土保持查勘。他们收集了各流域的地质、地形、水文、水土流失、气象、土壤、植被、社会经济等资料,总结了群众治理的经验。

1954 年 2 月,为有效进行黄河流域综合利用规划和选定第一期工程,中央组成了 120 余人的黄河查勘团,从河口溯源而上到达乌金峡、刘家峡,由上往下进行查勘。这次查勘行程 12000 千米,查勘堤防险工 1400 千米、干支流坝址 29 处、灌区 8 处,还查勘了不同的水土保持类型区,为进行流域综合利用规划奠定了基础。

随着三门峡工程进入技术设计和施工详图阶段,1955 年 9 月,黄委会、地质部 941 队、水电总局及北京勘测设计院共 800 余人组成三门峡地质勘察总队进行了地质勘察。

1956 年 4 月底—9 月中旬,中国科学院组成相关部门 200 余人的水土保持综合考察队,对面积约 8 万平方千米的无定河流域、天水至兰州地区和白于山至中卫地区进行了普查,对绥德、榆林、米脂、大理河中上游及甘肃的西吉、陇西、兴隆山、马鞍山、隆德、秦安等地进行了详查,全面规划了甘肃的梢岔沟、陕北的青云山、张家畔、兰州的小金沟、定西的安家坡地区。他们通过考察搞清了各区域水土流失与社会经济的发展规律、自然规律的关系。

② 新技术运用

1951 年 3 月,黄河河套段开河,多处冰凌壅塞,水位上涨严重,河堤漫溢决口多达 60 余处,多处被冰水包围,形势十分严峻。蒙绥分局请求中央派飞机和大炮炸开冰坝。同年 7 月,陕县水文站首次使用排水 10 吨的汽油机船进行了测流。在船上用流速仪测流一次仅用 1 小时,投放浮标测流仅需 20 分钟,比用木船测流缩短 3/4~4/5 时间。

(2)兴利除害,注重水资源综合开发利用

20 世纪 50 年代—70 年代末期,中国水利事业建设进入了全面发展时期,兴利除害是这一时期治水工作的目标,大力治理江河湖海、发展水资源的综合利用。毛泽东同志先后提出了"一定要把淮河修好""要把黄河的事情办好"和"一定要根治海河"的伟大号召。20 世纪 50 年代制定长江流域综合规划和黄河治理综合利用规划、治理淮河。20 世纪 60 年代根治海河,70 年代治理海河。在此期间中央政府还提出了南水北调工程和长江三峡工程伟大设想。1958 年,《引江济黄济淮规划意见书》确定了南水北调工程的实施方案。经过四次全国性有关南水北调规划会议的讨论,最终制订出南水北调工程的实施计划。1958 年,在毛泽东同志的主持下,中央政府认真讨论了《关于三峡水利枢纽与长江流域规划的报告》(张岳,2009)。

这一时期,各类大、中、小型水库、水电站的建立,水资源的综合开发利用是兴利除害的重点。如 20 世纪 50 年代—70 年代兴建了一批大、中、小型水库(见表 5.1)。例如洞庭湖的漳河水库、汉江的丹江口水库等;淮河流域上游有板桥、梅山等 18 座大型水库;黄河流域有刘家峡、三门峡等大型水电站;辽河流域和松花江流域建成了新立城、白山等大型水库;海河流域在各支流上游先后兴建岗南、官厅、密云等大中小型水库(王琳,2012)。长江干流上决定兴建葛洲坝水利枢纽工程。截止到 20 世纪 70 年代末,全国大、中型水电站(水利电力部门)装机达 1680 万千瓦(吴以鳌,1990)。

表 5.1　1949—1976 年大、中、小型水库统计表

建设年代	大型水库（座）	中型水库（座）	小型水库（座）	合计
1949 年前	6	17	1200	1223
1949—1957 年	19	60	1000	1079
1958—1965 年	210	1200	44000	45410
1966—1976 年	73	850	37000	37923
总计	308	2127	83200	85635

注：资料来源于《中国水资源与可持续发展》(王浩，2005)。

（3）黄河综合利用规划和三门峡工程

经过对黄河水文、泥沙、地质等自然要素大规模的勘测调查，国家在查勘中不断总结治黄思想和经验。1952 年 5 月，王化云拟定《关于黄河治理方略的意见》。在此意见中，王化云提出治理的目标是"除害兴利"，治黄的总方略是"蓄水拦沙"，实现的方法是在干流上修建大型水库，支流上多修建水库，为了防止水库淤积，同时开展水土保持工作。1953 年 5 月，王化云向中共中央提出沿贵德至邙山一线修建大水库、大水电站几十座，在小支流上修建小水库万余座，在支流上修建中型水库百余座，用于发电和灌溉土地，农林牧相结合来发展水土保持，变水害为水利。"宽河固堤、蓄水拦沙、除害兴利、上拦下排"是王化云同志总结的治河主张。通过在黄河干支流上修建拦水坝、水库以及水土保持拦水拦沙，通过用洪用沙、调水调沙、排洪排沙等多种途径和综合措施，主要依靠黄河自身的力量来治理黄河（王化云，1989）。

1954 年，黄河规划委员会编制完成了《黄河综合利用规划技术经济报告》(简称《规划》)。该《规划》对黄河下游的防洪和开发流域内的灌溉、动能、航运、水土保持等问题提出了规划方案，并提出了一个为期 13 年的第一期工程的开发项目。规划的主要内

容为:在黄河支流和干流上修建一系列拦河坝和水库,蓄水拦沙,以及发展灌溉和航运;并建设一系列规模不等的水电站。在水土流失严重黄河流域地区,特别是山西、陕西和甘肃三省,大力发展水土保持工作;在龙羊峡至青铜峡的峡谷地段,水力资源丰富,大力发展水力发电,同时发展灌溉、防洪;在青铜峡至河口镇,因河道开阔、土地肥沃、坡度平缓,适宜发展灌溉和航运;河口镇至龙门段,两岸是黄土高原,水土流失严重,加上此处坡度陡峭,河流湍急,适宜发电,并且需要密切注意水土保持工作;龙门至桃花峪段,是下游洪水的主要来源区,也是第一期工程的关键地段,主要任务是防洪、拦沙、灌溉和发电;从桃花峪至河口,主要任务是灌溉和航运,……《规划》计划在干流修建46座拦河枢纽工程,支流上修建24座水库,实现黄河的梯级开发。刘家峡和三门峡水库是干流上最先修建的两座水利综合枢纽工程。

水利资源开发是第一个黄河综合规划的重要项目,除三门峡外、刘家峡、盐锅峡、青铜峡、三盛公、花园口、位山、八盘峡和天桥水利枢纽工程先后开工兴建。黄河支流上也陆续兴建了许多水库,截至1970年先后在支流建成大型水库10座,中型水库70余座。下游河道实行宽河固堤政策,20世纪50年代废除民埝,清除行洪障碍,开辟沁黄滞洪区、北金堤滞洪区、东平湖分洪区和小街子减凌分水堰。完成了历时8年的大规模加高培厚堤防工程,并建立了强大的人防体系(王渭泾,2009)。水文气象预报方面也得到了改进、充实和提高,水文预报从短期洪水预报,渐渐发展到中长期预报。气象方面从主要依靠地方气象部门提供情报发展到配置专门气象人员成立专门气象科目,开展汛期降水和凌汛期气温预报,并逐渐使用现代计算技术(陈维达,彭绪鼎,2001)。在党和沿黄两岸各级政府的领导下,军民同心,多次保护了大堤,战胜了洪水,取得了抗洪抢险的胜利。特别是 1958 年花园口每秒 22300 立方米的大洪水。

三门峡水利枢纽工程是黄河规划第一期计划中的关键工程,修建之初的构想是通过蓄水拦沙的高坝大库达到彻底治理黄河的目的。但由于科学论证和实践经验不足,加上对上游水土保持持过分乐观的态度,使得三门峡水库在蓄水初期就暴露出了严重的不足。库区淤积严重,淤积速度远远超出预想,潼关高程迅速抬高,渭河口形成"拦门沙",渭河下游河道大量淤积,排洪能力下降,并且受洪水危害严重,两岸农田淹没、土地盐碱化增大,库岸坍塌(《黄河三门峡水利枢纽志》编纂委员会,1993)。而且这种高坝大库是以淹没大片山川农田来换取库容的,造成了土地资源紧张,移民安置也存在很多问题。为缓解库区淤积的矛盾,1962 年,三门峡水库经国务院批准由原来的"蓄水拦沙"改为"滞洪排沙",即汛期只保留防洪功能,闸门全部打开泄洪水。并增加 2 条隧洞、改建 4 条发电钢管为泄流排沙钢管。改建后水库淤积现象有所缓解,但入库泥沙淤积依然严重,有效库容迅速减少,潼关高程并未降低,渭河下游淤积依然存在(于瑞宏等,2011)。三门峡工程再次进行改造,1973 年开始,三门峡水库进入蓄清排浑阶段,即非汛期蓄清水用于发电、灌溉,汛期全部打开闸门,排浑水和发电。打开 8 个施工导流底孔,将 5 个发电管的高程下降,安装 5 台发电机组。改造工程结束后,三门峡库区淤积得到了有效改善,泄流和排沙能力加强,潼关高程有所下降,渭河下游问题有所减轻。目前,虽然各方面的数据显示,三门峡工程带来了巨大的经济效益、功能效益和社会效益,在水利水电开发、黄河泥沙等方面积累了丰富经验,建设期间,还培养了一批水电水利管理和建设人才,并由一个水利工程发展为旅游胜地。但不可否认的是,在三门峡水利枢纽工程的建设和改造期间,我们付出了沉重的代价和经验教训,工程本身也产生了严重的不利影响。

5.2.2　治水活动特点和问题

建立专门的流域管理机构,编制各流域规划,坚持全流域的整体治理。国家对大江大河的开发治理极其重视,中华人民共和国成立之初就先后在长江、黄河、淮河、海河、珠江等流域建立了独立的管理机构。渭河、汾河等各个省市范围内的河流相继建立了地方性流域管理机构。各流域机构对流域内的开发利用实施统一管理,并主持完成了各流域综合开发治理规划。20世纪50年代,黄河、长江、淮河、珠江、松花江和辽河的流域规划就先后编制完成。各流域的规划不仅重视上中下游的全面治理,而且从干流到支流,直至流域内的广大地区,进行了统筹规划、综合开发。

苏联专家的深度参与。二战结束后,社会主义中国在经济建设各个环节中深受苏联和东欧的资金和技术援助,在经济建设和治水决策中苏联专家的意见往往起到了重要的作用。虽然当时苏联已经积累了丰富的修建大型水利枢纽工程的经验,不过由于缺乏在多泥沙河流上修建水库的经验,加上与中国国情的差异(顾永杰,2011),在三门峡工程的设计和建设中考虑不周,对工程的效益产生一定的影响。即便如此,苏联专家无私地将经验、知识和技术传授给中国人民,他们的国际主义精神对中国的工业化基础的建立、经济的恢复都起到了不可磨灭的积极作用。

坚持兴利除害,兴建综合枢纽工程。这一时期江河流域的开发坚持多目标原则,采取流域内防洪、发电、灌溉、航运等统筹规划、综合开发。兴利除害是此时水利工作的目标,强调"兴利",利用黄河的水土资源为生产服务、造福人民。兴建各类型水库、水电站和水利枢纽工程是兴利除害的工作重点。这些水利工程的建设为中国的水利建设奠定了一定的基础,取得了巨大的经济效益,改善了两岸的农业生产条件,在国民经济的发展和社会稳定进步中起到了积极的作用,同时也对这些工程周边地区的生活和生态环境产生了深远的影响。

从崇尚科技到把人和科技的力量无限放大。治水事业和科技发展紧密相关。近代中国随着西方科技的传播和自身科技的发展,有识之士提出了"科技救国"的呼喊。中华人民共和国成立后,科技的进步更是日新月异,并不断应用和实践在治水活动上。大规模精准勘探的完成、新技术的应用,气吞山河的大型水利枢纽工程的上马,有力地推动了经济的发展和社会的进步。人类对自然的掌控能力不断提高,"胜利"和"成就"使得人们自信心高涨,把对科技的崇尚渐渐发展为把人和科技的力量无限放大,认为人可以克服一切困难,发出了"人定胜天"的呐喊。产生了"人定胜天"的治水观。

认识不够深刻,对水土保持、泥沙处理和大库容等问题估计过于乐观,生态保护意识薄弱。中华人民共和国成立之初,在大型水利枢纽工程建设方面经验毕竟不足,对许多问题的认识还不够深刻。过高估计了水库在"拦沙拦泥"方面的作用,对解决泥沙问题的复杂性和艰巨性认识不足。在水库建设中用淹没大片川地来换取库容,影响了当地经济的发展和群众生活,并且带来了一系列的生态问题。对水土保持工作的效果过于乐观,没有意识到水土保持工作是一项缓慢的、长期的、艰巨的任务。生态意识薄弱,在"以粮为纲"运动下,兴起了向湖泊要耕地,围湖造田运动。江西的鄱阳湖在此运动中面积减少了 1/15。湖泊是天然的蓄水池,作为长江一个支流的鄱阳湖面积的减少,不仅使得湖泊对洪水的调节能力大大减弱,从长远来说,也使得生态环境承受了极大的压力。

5.2.3 人定胜天思想产生的原因及利弊分析

抗战的胜利激发了大家胜利者的姿态。中国人民是在极度苦难、极度艰难的环境下通过浴血奋战才换来了中华人民共和国的成立。胜利使得我们对祖国的建设充满了革命热情和骄傲,认为如此艰难的环境都克服了,帝国主义、封建主义和官僚资本主义都被推翻了,还有什么困难是不可战胜的呢?!

对科技崇拜的无限放大。科技的发展和进步的确使人们的生活产生了天翻地覆的变化,以往不敢想、不能做的事情在科技的支撑下渐渐成为可能。不可否认,科技的威力是巨大的、诱人的,容易使得人们出现科技至上的思想。这种科技的无限崇拜会让人认为只要掌握了科技就拥有了无穷的力量,就可以战胜一切。

自然灾害频繁时,提出人定胜天可以鼓舞战胜灾害的士气。20世纪50年代和60年代,黄河、海河、长江、淮河、辽河流域都曾发生过大水。其中的一些大水造成的损失比较巨大。20世纪60年代还发生了持续大旱。20世纪70年代里,淮河发生过特大洪水。在灾害面前,提倡人定胜天确实能起到鼓舞人心的作用,能够坚定战胜灾害的决心。

利弊分析:人定胜天思想的提出在基础薄弱、灾害频繁时期对鼓舞人心、稳定士气、坚定信念具有一定的积极作用。然而,当社会发展到一定阶段,如果对待灾害、对待自然不能采取冷静、客观和克制的态度,一味夸大人和科技的作用,必然会导致事与愿违的结果。

5.3 小结

中国历史进入近代后,随着科技的不断进步、人类对自然掌控能力的加强,治水活动由"趋利避害"逐渐向"兴利除害"发展,努力通过利用水利、水资源达到除水害的目的。

近代西方资本主义列强的侵入,不仅带来了深重的苦难,更使得国人认识到了科学技术以及思想的落后带来的被动挨打局面。近代中国的有为之士或远赴重洋或在国内积极学习西方先进的科技知识,并且开展了近代一系列水文测量、地质勘探、水工试验等活动。水泥和钢材的运用使得建造大型水利工程成为可能。即使在这般艰难的内外环境下,近代中国的水利事业仍然缓缓向前发展。

中国人民在中国共产党的领导下,经过浴血奋战,建立了中华人民共和国。在民族和国家深陷苦难时,我们深深体会到了因科技和理念的落后带来的困窘和屈辱。在艰苦环境下,中国人民取得了来之不易的革命胜利。中华人民共和国成立后,中华儿女满怀建设的豪情壮志,充满了革命的激情和力量。对自然灾害,在中华人民共和国建立之初的一段时期内都是采取战斗的革命态度,坚信人定胜天。此时人定胜天已经不再是原本所表达的"人心安定高于一切"或者是"人的因素比天命更为重要",而变为一个非常具有革命性的词语。主张积极发动人民群众的主动性,把与自然灾害的关系视作一场革命战争,力争在这场人与自然的战争中取得胜利。诚然,随着新科技手段和方法的运用,对河流多泥沙规律的认识加深,治河方略的进步,政治和经济整体水平的稳定和提高,以及苏联专家的支持,人民治水力量逐渐增强,在这场战斗中,中国取得了很多瞩目的成绩,但仍然有不少经验教训值得人们学习和引以为戒。这里既有对河流认识的不足和经验的缺乏,也有对科技的威力和人的主动性的过分乐观的因素。在各项治水活动甚至生产建设活动中,过分强调和夸大人战胜自然和支配自然的力量,对自然本身重视不足,必然会产生事与愿违的结果。

第 6 章

利用和保护的治水文化

中华人民共和国成立后,中国共产党和中央政府一直非常重视治水问题。国家培养了一大批专业素质过硬的治河队伍,建立了完整的管理系统。传统水利工程在趋利避害、除害兴利方面的作用功不可没。而随着时代的发展,传统工程水利面临着巨大的压力和弊端,对自然的掠夺性索取使得资源和环境危机严重,水资源、水生态问题日益突出。现阶段水环境堪忧,水污染蔓延严重,结构性缺水,水浪费现象严重,现有的水资源宏观配置与用水户的实际微观需求尚存在脱节,环境制度、政策和机制还有不少地方有待突破和完善。在应对现实问题的积极思考和努力实践中,出现了有效开发和利用水资源,提倡生态保护、生态平衡的理念。努力实现水资源的优化配置,节约和保护水资源,是新形势下促进社会和经济发展的必然要求。

6.1　资源水利与生态水利

6.1.1　资源水利

以治黄为例,目前的黄河河道是 1938 年黄河在花园口决堤直到 1947 年复堵回归 1855 年铜瓦厢决口夺大清河河道后入海的流路,经过党和人民的长期建设和奋斗,安澜至今。但是,黄河问题仍然没有得到根本解决。当前黄河治理仍存在一定隐忧,防洪减灾仍是黄河综合治理需要解决的重要问题。一方面,洪水问题是威胁黄河治理的重要议题。另一方面,从 20 世纪 70 年代开始出现黄河频繁自然断流现象,这是由水资源短缺和供需不平衡引起的。1997 年最为严重。这一年黄河断流天数在利津站累计达到了 226 天,无河水入海 330 天。不仅是历时最长的断流,同时也是断流月份最多、开始时间最早、断流河段最长的断流,甚至在汛期也断流。面对严峻的形势,1997 年在山东召开了黄河断流及其对策专家座谈会。黄河断流有其自然原因,当然更多的是受人类活动因素的影响。降水量减少而导致的径流量减少是影响黄河断流最主要的自然原因。随着沿黄地区特别是下游地区经济的快速发展、人口的急速增长,城镇用水、工业和农业用水量持续增长,来水量减少而耗水量迅速增加必然导致断流的出现。而且人们节水意识比较薄弱,水浪费现象严重。粗放型经营的农业生产方式特别是灌溉方式使得水资源有效利用率不足,浪费惊人。二氧化碳等温室效应使气温升高,加速蒸发,降水减少,干旱加剧。管理不协调,尚未建立统一的水量调度系统。枯水期各地纷纷争水,水量分配不合理,矛盾突出,加剧了水资源的紧张。断流不仅给局部地区的生产和生活造成了严重的困扰、农田受旱面积增加、粮食减产;而且,由于黄河近些年来没有出现大洪水来有效冲刷河道,这种频繁出现的断流现象使得河道排洪能力下降,水流挟带的泥沙无法排泄入海,加剧了泥沙的淤积,加重了土地盐碱化、湿地生态系统的退化。地表水环境容量的减少,加重了河流污染和地下水环境恶化。这些对流域地区的经济发展产生了深远的影响,影响着可持续发展战略的实施。

随着流域经济的迅速发展、工农业生产的高速发展、城镇人口激增,耗水量和污水排放量与日俱增,加上河流蒸发量增大、径流量减少,水资源污染问题越来越严重。水质恶化加剧了水资源的紧缺,进一步加剧了水资源供需矛盾,严重影响了工农业生产和人民生活,使得鱼类等这样的水生生物资源的繁殖、生长遭到了破坏,种群减少。水污染不仅影响着当代人的身体健康,还将危害子孙后代。

缺乏从整个社会经济持续发展的需要、从宏观高度来开发、利用水资源,不利于时代的进步和经济的发展。20世纪90年代末,水利部部长汪恕诚对资源水利的概念进行了阐述。对资源水利的认识也随着人们对自然和水利事业的深入认识和思考不断发展完善。狭义上,资源水利研究包括地表、地下和大气水在内的水资源本身的优化配置和有效利用。广义上,资源水利研究包括水与人口、土地、矿产等各种资源合理开发和优化配置的方式与手段(王腊春等,2007)。资源水利是从人与自然和谐相处的角度出发,注重水资源的节约、保护和配置,注重维系和恢复生态系统,以可持续利用的水资源来支撑可持续发展的经济社会(汪恕诚,2002)。搞好优化配置水资源,使其在整体上发挥最大的社会效益、经济效益和环境效益,实现水资源的可持续利用是资源水利的核心(王腊春等,2007)。资源水利是把水作为宝贵的自然资源来加以利用和保护,而不是看作单纯的、可被利用的物质。

(1)资源水利的特征

① 依托水利工程。资源水利不是对工程水利的全盘否定,相反,它是在工程水利的基础上提出的;是治水事业目标从原有单纯的避害、除害为主,发展到在除害的同时,更多地考虑对生态环境的保护,考虑资源利用与社会、经济和环境的协调发展;是矛

盾进一步升级、更加复杂的产物;是对水利建设认识上的进一步深化和完善。

② 变水害为水利的同时,注意防止人类对水的危害。传统的水利事业,因为主要关注经济和人类自身的生存发展,加上科技的局限,对自然的掌控能力较弱,更加注重水旱灾害对人类发展的影响,因此治水事业往往利用各种工程努力变水害为水利,忽视了在无度向自然索取,试图改造自然、征服自然的同时,也对自然造成了伤害。当我们对人与自然的关系有了更深入的认识后,意识到水资源是一种有限的资源,资源水利的提出就是要提醒和防止人类对水的掠夺和危害。

③ 目标是优化配置,可持续利用。传统水利将大自然置于被改造、被利用的对立面,只注重水利工程建设后取得的经济效益,往往以生态环境的破坏为代价。资源水利就是为了水资源的长期可持续利用,协调好资源与经济、社会和环境的关系,优化用水配置,在最大限度满足各方面当前用水需求的同时,积极谋求未来长期用水需求的满足。

④ 水资源的开发利用是一个相互联系的系统。我们不能独立地看待水资源的开发利用。水资源本身就是一个复杂的系统,包括大气水、地表水和地下水,也可分为淡水资源和海水资源。某个流域的水资源既包括上、中、下游不同的情况,也包括支流和干流各种资源。水资源的开发利用也与经济、社会、人口、环境、生态等密切相关,组成了一个相互联系、相互作用的整体,任何一个要素都会与系统中的其他要素相互关联而发生作用。水资源利用作为整个系统的一个组成部分,必须遵循一定的规律,如果只单独注重这一个环节,就会出现事半功倍或者事与愿违的结果。

⑤ 资源水利只是可持续发展系统中的一个子系统。可持续

发展系统是由多个子系统组成的复杂系统,包括水资源、土地资源等在内的各种有限资源的可持续发展和利用,水资源持续利用是其中的一个部分。

(2)水资源承载力与水环境承载力

资源水利着重水资源承载能力和水环境承载能力。水资源承载能力指在一定流域内,其自身的水资源能够支撑经济社会发展的规模,并维系良好生态系统的能力;水环境承载能力指在一定的水域,其水体能够被继续使用并保持良好生态系统时,所能够容纳污水级污染物的最大能力(王伟,2003)。

① 水资源承载力的特征

a. 具有区域性。水资源承载力具有明显的空间属性,不同流域水资源的具体情况各不相同,经济发展情况各有特色,社会发展水平、人口状况、生态环境要求各不相同。在考虑水资源承载能力时必须考虑不同区域可能出现的变化。

b. 具有阶段性。水资源承载力的内涵是在不断变化的,在不同的阶段内,人口、社会和经济的发展对水资源的需求是不一样的,科技发展水平对污水的处理以及水资源的利用率也是不同的。

c. 在水资源的利用上要按照水资源的承载能力来推进社会发展和水资源相协调。通过保障工业用水、生活用水、经济用水、生态用水和环境用水来维系良好的生态系统,只有水资源承载力与经济和社会发展相协调了,才能保障可持续发展。

② 水环境承载力的特征

a. 具有区域性。与水资源承载力一样,水环境承载力也强调它的空间属性。不同的区域内,能够持续使用其水体并保持生态系统良好性的能力是不同的,最大容纳污染物和污水的能力也是各具特色的。

b. 具有阶段性。水环境承载力同样具有阶段性,在不同时期、不同状态或条件下,某区域内的水环境所能承受的人类活动作用的阈值是会变化的。

c. 水环境承载力可以简单地理解为水环境的纳污能力,是水环境在发挥正常系统功能的前提下,所可以承受的污染物的最大能力。

水资源承载力和水环境承载力,这两者紧密相连、相辅相成,是一个问题辩证的两个方面。水资源承载力是对水资源能支撑经济发展程度的体现;水环境承载力是对水体能够承受排放物程度的体现。既要根据水资源的承载能力来协调经济的发展,也要充分考虑水环境的承载能力,保证水资源能够被持续使用。开展水权和水市场的研究和探索,统一水资源管理体系,健全水资源管理法律体系,把市场机制引入水资源管理中,利用政府的宏观调控和市场双重调节,缓解水资源的供需矛盾,是提高水资源利用率的有效途径。

(3) 水资源优化配置——南水北调工程

南水北调工程是中华人民共和国的战略性工程,是水资源优化配置的杰出代表,是把长江流域水资源自上游、中游和下游分东线、中线和西线三条调水线路与长江、黄河、淮河和海河构成"四横三纵"为主体的布局,输送到华北、淮海平原和西北地区水资源短缺地区,以实现水资源东西互济、南北调配的合理配置。目前东线和中线一期工程已经完工并开始调水,西线工程尚处于规划阶段。

1954 年,毛泽东同志在视察黄河时首次提出了南水北调的宏伟设想,经过 50 多年的调研、论证,直到 2002 年南水北调工程的总体规划才正式通过。东线工程规划从江苏省扬州附近的长江干流引水,利用京杭大运河以及与其平行的河道输水,连通骆马湖、洪泽湖、东平湖、南四湖,并作为调蓄水库,经泵站逐级提水进入东平湖后,分水两路。一路向北穿黄河后自流到天津,从长江到天津北大港水库输水主干线长约 1156 千米;另一路向东经新辟的胶东地区输水干线接引黄济青渠道,向胶东地区供水。中线工程由丹江口大坝加高后扩容的丹江口水库调水,从河南南阳的淅川陶岔渠首闸出水,河南沿豫西南唐白河流域西侧过长江流域与淮河流域的分水岭方城垭口后,经黄淮海平原西部边缘,在郑州以西孤柏嘴处穿过黄河,继续沿京广铁路西侧北上,可基本自流到终点北京。西线工程规划在长江上游通天河、支流雅砻江和大渡河上游筑坝建库,开凿穿过长江与黄河的分水岭巴颜喀拉山的输水隧洞,调长江水入黄河上游。

南水北调工程在水资源优化配置上的重要意义:

① 有效缓解了缺水地区对水资源的需求,增加了水资源的承载能力。以北京市为例,通水后北京人均可增加水资源量 50 立方米,增幅约为 50%,而且调水工程不仅提升了北京的城市发展的供水保障率,还增加了北京市水资源的战略储备力。

② 有效提高了缺水地区水环境的承载能力。调水工程有效改善了补水地区的生态状况,缓解了因缺水造成的环境恶化;改善了北方的水质,缓解了像高氟水、苦咸水、受污染水等对人体健康不利的有害饮用水的质量问题(郝亮,张志华,2013)。较大地改善了受水地区水资源的生态环境,保护了湿地和当地生物的多样性。

③ 改善了地表水资源分布不均的现象和地区经济发展的用水不协调特性;改善了工业发达、人口稠密地区因用水量大、地表

水严重缺乏,而不得不大量开采地下水以保证城乡生活和工农业用水的需求的现象;缓和了因地下水过量开采造成的地面下沉、地面裂缝以及由此带来的地区发展的限制和生态危害。

④ 有力缓解了水资源匮乏地区对社会经济发展的约束,促进了区域城市化发展进程(王顿,2016)。水资源短缺已经成为影响和限制城市和经济发展的重要因素,调水工程可以满足城镇发展、人口增长对供水的需求,缓和了地区之间、工农业之间的供水矛盾,使得城市和工业不侵占农业用水,农业用水不挤占城市和工业用水。

⑤ 三条供水线路中线、东线和西线,各自都有其范围和目标,使中国四条主要江河黄河、长江、淮河、海河成为一个有机整体,充分发挥了多水源供水的综合优势。

南水北调工程的隐忧:

① 对环境的破坏。"三线"同时引水,不利于保护整个长江流域现有的沿江生态。中线工程和三峡水利枢纽工程同时作用,会引起汉江及长江中下游环境的变化,特别是汉江武汉段河口水文环境产生难以估计的影响(陈河平,伍松,2013)。东线调水工程通过淮河中下游地区,渠道渗漏会抬高地下水位,导致土壤次生盐渍化(张永勇,李宗礼,刘晓洁,2016)。

② 水量不足问题。调水量过多会导致长江水量不足,特别是旱季和枯水期航道承载能力下降。水量不足也会使得长江口咸潮加深,引发生态危机(邹逸麟,马驰,2006;毛兴华,2016)。

③ 移民问题。南水北调工程耗资巨大,涉及多个省份的大量移民问题。搬迁不仅使移民生活动荡,拆迁补偿、移民安置等一系列问题也引起了社会的广泛关注和讨论。

④ 成本问题。随着海水淡化技术的不断提高,海水淡化的

成本不断降低,调水工程的成本和海水淡化的成本的比较也引起了广泛的争论。

南水北调在水资源优化配置上需考量的问题:

① 建立调蓄工程,改善调水过程中出现的水分配不均问题。积极利用沿线的水库,有效利用水库富余库容进行调蓄,充分合理利用宝贵的调水资源。

② 调水后须对调来的水和当地水等各类水源进行统筹调度,丰枯互补、合理配置,才能提高水资源的利用率和对用水需求的保证率。

③ 水资源的优化配置是一个复杂的工程,涉及面广,影响因素众多,因此需要完善政策法规体系的建设,实施水资源的统一管理,形成一个有政府调控、市场主导、用户积极参与的供需管理系统。

④ 要重视调水过程中可能出现的水污染问题。采取必要的防范措施和有效治理方法,水质在没出现问题时能做到警钟长鸣,出现了污染问题时能及时、有效、合理、科学地解决问题。

在传统治水理论的基础上,人们对资源水利的认识被进一步丰富和深化。传统重视水利工程建设以达到除水害的目的,渐渐转变为强调科学管理,重视非工程措施。对水资源进行开发、治理、利用的同时,把水资源看作需要保护的有限资源,强调水资源的优化配置,节约用水、综合治理。

资源水利的提出改变了过去为了经济和社会发展需要盲目对水资源进行索取的风格,改为根据水资源的特有状态去发展,不超出水资源可承受的发展规模和速度。

6.1.2　生态水利

（1）水生态文明建设

在人类社会发展到生态文明的今天，生态问题一直都是全世界各国关注的焦点。水体本来就是一个有机的生态系统，无时无刻不在进行着物质与能量的交换。保护水资源不仅是对水的质和量的保护，更是对水体整个生态动态的大系统的保护。十七大报告指出，实质上生态文明建设就是要以资源环境承载力为基础，以自然规律为准则，以可持续发展为目标，建设资源节约型、环境友好型社会。水利部提出把生态文明理念融入水资源治理、利用、开发、节约、保护、配置的各方面以及水利规划、管理、建设的各个环节中，加快推进水生态文明建设（左其亭，2013）。水生态文明是生态文明建设的重要部分和基础内容。它是指人类秉承人水和谐观念的文化伦理形态，将对水资源可持续利用的实现，对经济社会和谐发展的支撑，以及对生态系统良性循环的保障作为其主体（邹平，2016）。

水生态文明所倡导的文明理念是人与自然的和谐相处，坚持全面、协调、可持续的以人为本的科学发展观，解决由于人口增加和经济社会高速发展出现的干旱缺水、水土流失、洪涝灾害和水污染等水问题，使人水关系达到和谐状态，使有限而宝贵的水资源能够永久支撑经济社会的可持续发展（陈令建，2014）。水利部明确了水生态文明建设包括八个方面的主要工作内容：一是落实最严格水资源管理制度；二是优化水资源配置；三是强化节约用水管理；四是严格水资源保护；五是推进水生态系统保护与修复；六是加强水利建设中的生态保护；七是提高保障和支撑能力；八是广泛开展宣传教育（邹平，2016）。水生态文明的核心观念是

"和谐"，包括人与人、人与社会、人与自然等各方面的和谐（岳三利，简冠华，吕延昌，2014）。

水利建设在水生态文明背景下可以注意的几点问题：

① 优化水资源配置。积极开展调水工程、河湖清淤、污水整理、修复生态等水资源保护措施。加快推进"南北调配、东西互补"的国家级水资源配置格局。

② 水利的开发、利用不仅要符合工程设计原理，更应符合自然原理，与资源、经济、人口、环境等因素协调发展。注重水利与生态系统的关系，保证生态系统的自我修复和良性发展。

③ 既要注重水资源的高效利用和优化配置，进行水能资源综合开发利用；同时也要保障生态用水安全，协调好水利工程和水生态之间的关系，积极发挥人的主观能动性，通过实施生态水利工程，修复水生态系统（许继军，2013）。

④ 结合当地实际情况，充分分析面临的水问题和当地水生态系统在水患调节、资源供给、经济支撑、生态维护、文化载体等方面的情况，突出地域特色（张建云，王小军，2014）。

⑤ 注重水利与生态系统的关系，注重水资源的开发利用对生态环境的影响。在水资源优化配置中，在节约用水、有效利用水资源的水平提高的条件下，保证有效实现生态系统的自我恢复和良性发展的途径和方法（廖荣良，2013）。

⑥ 将水利工程与文化旅游产业结合起来，不仅使居民享受到具有水生态文明特色的亲水宜居的环境，还要注重水利工程中的生态保护和修复，建设优美的水生态环境，为当地的经济发展带来活力。另外，要避免过度建设水生态景观，大搞人工湖泊、人工湿地等表面工程。

（2）生态水利建设

水生态文明建设要求建立良好的水生态系统，发展生态水利。生态水利以尊重和维护生态环境为主旨，是一种更高层次的水利发展阶段（沈坩卿，1999）。为了实现永续的发展，仅仅把水看作有限的资源还是不够的，生态水利的提出是对资源水利的进一步发展和完善，也是为了实现水资源的可持续发展以及人与自然的和谐共处。狭义的生态水利研究水资源的开发利用对生态环境的影响、水利工程建设与生态系统演变的关系等，以及研究在进行水资源开发、利用、保护和配置方面，提高水资源的有效利用水平、节约用水的条件下，保证生态系统的自我恢复和良性发展的途径和措施（胡其昌，2014）。广义的生态水利是以人口、资源、环境与经济协调发展为前提，应用生态经济学原理、可持续理论、系统科学等，提出水资源的合理开发、利用、科学管理和保护生态环境的方式和措施（代锋刚，李铎，王飞，2008）。

生态水利强调资源、经济、人口和环境因素的协调发展。在对水的开发和利用、对水的处理与排放上遵循生态平衡规律。用生态学的基础理论观点以及系统方法对水利设计、规划、管理和建设进行指导，实现经济效益、生态效益和社会效益的最优化。满足长久的用水需求以及人类对环境和资源的共享。

① 生态水利的特点：

a. 水土保持是生态水利建设的重要方面。以黄河治理为例，水土流失严重、泥沙淤积是黄河治理的顽症所在。水土流失对黄河治理的影响在于不仅会造成生态环境的恶化，而且由水土流失带来的泥沙淤积也会造成下游河道悬河问题日益加剧和洪水威胁。水土流失和泥沙淤积还会严重影响水利工程的使用效益和寿命。水土流失会给水资源污染带来压力。历代治河实践和近现代科学研究证明,必须把泥沙治理和水土保持作为治理黄河的根本措施,水土保持工作是项复杂而长期的工作,任重道远。坚持水土保持、科学治水治沙是影响流域内经济和社会可持续发展的重要问题。对水土资源的生态性保护是满足可持续发展和生态良性循环的基本要求。

b. 生态水利并不是对水利工程的否定,而是对水利工程进一步提出了生态性的要求。水资源的开发利用一般都要通过水利工程来实现,生态水利对水利工程的设计、规划、管理、建设等方面的全过程都提出了必须满足生态规律和遵循可持续发展的原则。这将会成为对水利工程是否能立项建设的一个基本要求。生态水利要作为一个整体来考量,水利工程不仅要满足工程个体建设的生态要求,更为重要的是要考虑整个流域系统、整个水系的生态要求。

c. 目前,造成水污染、生态环境破坏较为严重的一个方面是生活用水和产业用水的过度性以及各类污水不合理排放和处理问题。城市居民用水、农业用水、工业用水在使用上都应该厉行节约原则,在污水排放处理方面做到合理排弃、除污达标,并且充分考虑水资源的循环利用问题。在使用和排弃方面都遵循科学性、健康性和和生态性的要求。

d. 政府宏观调控和市场运作的有机结合。政府的宏观调控在生态水利建设方面具有积极的不可替代的作用,水资源一般是以流域为单元进行划分的(汪恕诚,2003),要特别强调流域内生态水利的统一管理。建立并完善水商品生产和交换的市场体系,利用政府的宏观调控和市场调节两种手段,最大限度地控制水生态适应不断扩张和无限需求,调节和缓解水资源的生态矛盾。

e. 生态水利是治水哲学层面更高层次的思考和认识;是事

物内部和事物之间普遍联系的体现；是治水文化从兴利除害上升到利用和保护的必然结果；是人从与自然的对抗发展到遵循自然规律，与自然和谐相处，不仅考虑自身发展的需要，更考虑其他生物和子孙后代对水的需求。

② 推动生态水利发展的相关措施：

a. 进一步深化和完善水利体制改革。要构建新型的水利管理体制，促进资源、科技和经济最大范围的优化组合。在改革中，要充分发挥政府的宏观调控行为，加强流域水资源统一管理，强化政策法规的制定和有效执行，科学制定各类水利规划，深化机构改革，充分发挥各地流域机构的作用。

b. 完善队伍建设。需要构建强有力的水资源管理机构和管理人员，在努力提高工作人员的业务水平和能力的基础上，注重加强对相关人员水资源生态意识的培养，并从哲学层面上提高对资源环境以及人与自然和谐发展的认识水平和觉悟。

c. 加快水利产业建设。强化水利产业建设，积极转换运行机制。构建多层次、多元化、多渠道的运行机制，在符合经济发展规律和自然法则的基础上，通过加快水利基础产业和基础设施建设，使得水利事业更好地为社会经济发展服务，并同时使生态环境得到有效保护和可持续发展。

d. 建立科学的、符合生态要求的生态水利环境质量评价体系和监测系统。努力构建可以量化的水生态指标体系，考虑各相关因素之间的和谐性，指标要有可操作性和实际意义。评价指标必须包括能反映可持续发展的环境、社会和经济指标，评价准则应以它们三者之间的协调可持续发展为准绳（孙宗凤，聂建平，2003）。积极建立生态水利的监测系统，建立健全流域生态安全的预警系统和决策支持系统，提出满足生态安全的优化调控和管理措施(银建庆,2012)。

e. 生态水利不仅需要转变观念,树立科学的防治观念,更需要现代科学技术,例如生物科学、自动化技术、水文科学、计算机科学、遥感技术等高尖端科技的支撑,以及雄厚的经济力量支持。它是一个长期的系统工程。

生态水利是完整的、系统的生态体系建设的重要组成部分,是当代和未来水利发展的高级目标。生态水利的提出是中国治水发展史上的重要飞跃,是治水哲学和认识论深化提高的产物,标志着水利事业的发展进入了整体性、系统性、良性循环性、科学性和可持续性的建设阶段。在经济高速发展、生态环境污染、生态平衡严重失调的今天,探索如何利用水资源、水利工程和生态环境保护,在实现经济可持续发展、水资源永续利用的同时维护生态平衡,是当今社会发展的重要议题。生态水利与经济社会发展紧密相连,是解决国家亟待解决的重大生态问题的重要组成部分,具有广阔的发展前景和现实的研究意义。

资源水利和生态水利的提出,是系统论和人与自然和谐发展、天人合一思想的深入实践和进一步升华,是把经济增长、社会发展和环境保护作为有机联系的整体来进行考量。这种价值观念的转变投射在治水文化上,不仅影响了人的治水行为,更决定了治水发展的方向。它有效缓解和弥补了因过度追求经济增长,过度强调水利工程而带来的环境失衡问题以及人与自然的紧张对立的关系。它是对过去治水文化的批判性继承和发展,指引着未来的努力方向。

(3)"水资源管理三条红线"和"水十条"政策

淡水资源短缺是我国基本国情之一,随着工业化、城镇化的深入发展使得我国水资源和水环境面临更为严峻的考验。现有的水资源宏观配置与用水户的实际微观需求尚存在脱节。2012年1月，国务院发布了《关于实行最严格水资源管理制度的意见》，其主要内容概括来说，就是确定"三条红线"，实施"四项制度"。这对于解决我国复杂的水资源、水环境问题，实现经济社会可持续发展具有深远的意义和重要的影响。"三条红线"即一是水资源开发利用控制红线。到2030年全国用水总量控制在7000亿立方米以内。二是用水效率控制红线。到2030年用水效率达到或接近世界先进水平，万元工业增加值用水量降低到40立方米以下，农田灌溉水有效利用系数提高到0.6以上。三是水功能区限制纳污红线。到2030年主要污染物入河湖总量控制在水功能区纳污能力范围之内，水质达标率提高到95%以上。"四项制度"即：一是用水总量控制制度。加强水资源开发利用控制红线管理，严格实行用水总量控制，包括严格规划管理和水资源论证，严格控制流域和区域取用水总量，严格实施取水许可，严格水资源有偿使用，严格地下水管理和保护，强化水资源统一调度。二是用水效率控制制度。加强用水效率控制红线管理，全面推进节水型社会建设，包括全面加强节约用水管理，把节约用水贯穿于经济社会发展和群众生活生产全过程，强化用水定额管理，加快推进节水技术改造。三是水功能区限制纳污制度。加强水功能区限制纳污红线管理，严格控制入河湖排污总量，包括严格水功能区监督管理，加强饮用水水源地保护，推进水生态系统保护与修复。四是水资源管理责任和考核制度。将水资源开发利用、节约和保护的主要指标纳入地方经济社会发展综合评价体系，县级以上人民政府主要负责人对本行政区域水资源管理和保护工作负总责。

"三条红线"是实施最严格水资源管理制度的核心措施，"四项制度"是实施最严格水资源管理的制度保障(左其亭,2016)。水资源管理"三条红线"是从不同角度对水资源开发利用和保护进行管理。水资源开发利用控制,可以用来对流域或区域进行用水总量的宏观管理;用水效率控制,可以用来对特定行业、企业或者用水户进行用水效率的微观管理;水功能区限制纳污,可以用来对水资源保护效果、水质状况和减排情况进行综合管理。"三条红线"互为支撑、相互关联(吴书悦,杨阳,黄显峰,2014)。前水利部部长汪恕诚认为"三条红线"是考核中国水资源承载能力、水环境承载能力的具体抓手。水资源开发利用红线指的是在节约用水的前提下,对水资源进行定量管理,在各地规定的用水范围内,控制河道外总的取水和用水规模。用水效率红线指的是水定额和用水效率,既能直接控制水量,也能在一定程度上提高水质,使水的利用效率大大提高,废水排放更符合规定。水功能区域限制纳污红线是一项综合性指标,指水域纳污的能力和范围,在宏观上能够通过考核制定跨行政区域间水资源保护,在微观上能够通过二级区域的管理检测小范围内水质的情况。总的来说,水功能区域限制纳污红线可以用来对水质、生态环境进行保护(孙展杰,孙倩,2016)。最严格水资源管理制度是对水资源开发利用中的取水、用水、排水等全过程的管控和制度安排,实际上就是对水资源配置、节约和保护等方面实行最严格的水资源管控目标管理,而用水总量控制指标是最严格水资源管理制度的重要组成部分和主要管理手段,也是实施最严格水资源管理制度的核心和必然要求。提高水资源利用效率是在总量控制之下有效增强区域水资源保障能力的重要措施,必须加强用水效率控制红线管理,全面推进节水型社会建设。

全国的水环境形势十分严峻,地表水和地下水受污染严重,所占比例较高,水污染蔓延,局部有好转,整体仍严峻,部分在恶化,从河流支流污染到干流污染,从地表污染到地下污染,从城市污染蔓延向农村,从陆地向海洋污染的趋势仍未遏制;城乡结合部的一些沟渠塘坝污染普遍比较重,并且由于受到有机物污染,黑臭水体较多;涉及饮水安全的水环境突发事件的数量依然不少。在大力提倡生态文明建设的今天,防治水污染不仅事关人民群众切身利益,更深深影响着经济社会的全面发展、中华民族的伟大复兴。2015 年 4 月,国务院发布了《水污染防治行动计划》,通常简称"水十条",提出了控制污染物排放、推动经济结构转型升级、着力节约保护水资源、强化科技支撑、充分发挥市场机制作用、严格环境执法监管、切实加强水环境管理、全力保障水生态环境安全、明确和落实各方责任、强化公众参与和社会监督十个方面、三十五点具体要求和规定。"水十条"在污水处理、工业废水、全面控制污染物排放等多方面进行强力监管并启动严格问责制,逐步深化水资源的高效利用,减少水污染的发生,全面促进产业的环保转型,实现经济的循环发展。"水十条"设定的目标要求是:到 2020 年,全国水环境质量得到阶段性改善,污染严重水体较大幅度减少,饮用水安全保障水平持续提升,地下水超采得到严格控制;到 2030 年,全国七大重点流域水质优良比例总体达到 75% 以上,城市建成区黑臭水体总体得到消除,城市集中式饮用水水源水质达到或优于Ⅲ类比例总体为 95% 左右;最终,到 21 世纪中叶,生态环境质量要实现全面改善,生态系统实现良性循环。"水十条"还格外强调了政府、市场和公众的作用,把政府管制、市场刺激和公众参与结合起来,共同推动水污染治理目标的实现。

在控制用水总量方面,"水十条"沿袭了"三条红线"最严格水资源管理制度,到 2020 年,全国用水总量控制在 6700 亿立方米以内。实施"三条红线"是各级水利部门在节水方面的一项重要指标和工作,而"水十条"在节水方面也提出了提高各项用水效率的要求和有效建议。例如:建立万元国内生产总值水耗指标等用水效率评估体系,把节水目标任务完成情况纳入地方政府政绩考核。再生水、雨水和微咸水等非常规水源纳入水资源统一配置。各地各级政府为了贯彻落实"水十条"积极制定了各地水污染防治信工计划工作方案,结合"水十条"和"三条红线"建立用水总量控制、水功能区管理和水源地保护相适应的监控体系,严格实施水资源"三条红线",优化配置水资源,正确处理社会效益、生态效益和经济效益的关系,保障各类用水安全。科学防御水旱灾害,综合采取拦、分、蓄、滞、排等措施,对洪水进行适当规避、科学调度和有效利用。保护河流水系行洪通道不被侵占,把防洪保人民生命安全、抗旱保生活用水放在工作的首位,把维护人民群众的根本利益作为防御工作的出发点和落脚点,合理开发利用水资源,为人与人、人与社会、人与自然的和谐发展提供有力支撑。推进节水型社会建设,优化调整产业布局,严格控制高耗水行业发展,提高工业用水重复利用率,提高公众节水意识,让大众都参与到珍惜水、保护水的行动中来。

"水十条"和"最严格水资源管理制度"都强调以改善水环境质量为核心,"三条红线"的要求是我国水资源开发利用的底线,"水十条"是具体的行动要点。它们显示出国家着力改变当前水资源过度开发、用水浪费、水污染严重等突出问题,从源头上扭转水环境恶化趋势的决心和迫切要求。

6.2 现代治水科技与设想

科学技术方面,现代水利学、泥沙动力学等现代水利相关学科的长足发展更加有利地推动了在人类治水事业上的主动权。卫星遥感影像、航空遥感技术、地理信息技术、现代通讯手段的引入,虚拟现实技术的发展使得现代治水事业跃上了一个全新的高度。

就拿黄河来说,黄河下游河道淤积抬高日益加重,地上悬河形势严峻,甚至出现了河槽高于滩面,滩面高于堤外地面的"二级悬河"现象,即使是中小型洪水也可能在下游河道出现高水位而泛滥受灾的局面。黄河下游的华北平原一直是人口密集、经济发展较快的区域,一旦出现洪涝灾害,不仅会使国家和人民的生命财产遭受重大损失,而且洪水退去后的良田沙化问题、生态环境问题、河道淤积问题以及国际政治环境都将产生无法估量的巨大影响。

目前,通过长期对黄河洪水和泥沙规律的研究以及对水资源利用、抗洪抢险、水土保持、引水灌溉等大量治黄实践经验的积累,逐步形成了一整套较为科学的防洪方略,归纳起来为"上拦下排、两岸分滞;拦、排、放、调、挖"。通过在干支流修建一批大中型水库等水利枢纽工程削减洪峰、拦蓄控制和调节洪水。出现不可控特大洪灾时,利用滞洪区实行两岸分洪。加强河道整治,加固堤防建设,充分利用河道排洪排沙入海。"拦"主要是在上中游地区开展水土保持以及干流的骨干水利枢纽工程拦泥蓄水兴利。"排"顾名思义就是要充分利用现行河道排沙排水入海。"放"主要是抽取下游河道水沙用于加固堤岸和淤高背河地面,以及利用淤泥改善土质。"调"就是利用干支流骨干水利工程调节水沙,以减少河道淤积、排水排沙。"挖"是比较直接的方式,即挖出河道中淤积的泥沙,疏浚河道,并利用挖出的泥沙加固堤防(李国英,2002)。今后一段时期内黄河下游河道的治理方略为"稳定主槽、调水调沙、宽河固堤、政策补偿"。即在下游河道整治并维持一个稳定的中水河槽，作为调水调沙的通道；维持现有的宽河格局，建设标准化堤防；保障滩区人民的生命财产安全，对洪水造成损失的，由国家给予政策性补偿。

长期的科学研究和实践使得现代治黄人的理念有了深远的发展。黄河治理是一项长期而复杂的工作，不可能一劳永逸；黄河治理应坚持全流域统筹兼顾。随着科学技术的高速发展，人类改造自然的能力比以往任何一个时代的都要强大。同时，社会、经济和人口的大力发展也使得现代治黄事业更加错综复杂。治理黄河要把流域的经济社会、生态环境和自然条件视为一个相互制约和影响的整体，把兴利与除害相结合，充分考虑流域治理开发与相邻流域乃至全国的关联性（王渭泾，2009）。这说明了水土保持是黄河治理的根本性措施。黄河流域水土流失惊人、深林覆盖率低下、土地蓄水和保水性差，是洪灾与断流这两种看似矛盾又相互关联现象的重要原因。这显示了加强非工程措施的重要性。工程措施是治河的基础，但是工程措施不能完全解决防洪问题，而且工程措施的一些弊端和不足不断显露并给现代治黄带来新的困惑。防洪工程措施必须与非工程措施有机结合，才能发挥更大效能。进一步完善防洪法规、洪水预警系统和应急对策，积极开展洪泛区管理、洪水保险制度和洪灾救济工作等非工程措施的重要性越来越被重视。

计算机技术、网络多媒体功能、地理信息系统、遥感技术、全球定位系统和现代通讯技术等现代科学技术手段的发展为河流的治理、开发和决策提供了技术支持。特别是虚拟地理现实技术的发展和应用为维持河流的健康发展提供了生动而有力的支撑。"模型黄河""数字黄河"等概念的提出和建设大大推动了黄河水利现代化进程。"原型黄河"所展现的自然现象可由"模型黄河"进行试验、模拟和反演,从而揭示其内在的自然规律。建设"模型黄河"工程,一方面可直接为"原型黄河"提供治理开发方案,另一方面可为"数字黄河"工程建设提供物理参数。同时,"模型黄河"还应成为"数字黄河"通过模拟分析提出"原型黄河"治理开发方案的中试环节(李国英,2001)。"数字黄河"是对黄河流域及其相关地区的自然、经济、社会等要素构建一体化的数字集成平台和虚拟环境系统。在这一平台和环境中,以功能强大的数学模型和系统软件对黄河治理开发、管理的各种方案进行模拟、分析和研究,并在可视化的条件下提供决策支持,增强决策的科学性和预见性。建设"数字黄河"工程,是实现黄河治理开发和管理现代化的关键途径(李国英,2001)。

随着对河流各种属性认识的深入,我们在前人的基础上提出了一些大胆的设想。黄河以"善淤、善决、善徙"而著称,大改道就有 26 次。泥沙淤积、悬河问题将会始终困扰治黄工作。学者根据黄河现行河道容沙空间粗略推算其行河年限从 2001 年算起可维持约 284 年(王渭泾,2009)。实际上,如果水土保持工作未能完成预期目标,如果不能把泥沙按预计有效输送到河口地区,加上河道容沙空间不可能完全被利用,实际的行河年限可能会小于估测的数值。既然不可能存在一条永续的河道,悬河问题又日益严峻,有学者提出黄河人工改道的设想,历史上也不止一次有人提出改道论。不破不立,似乎为河流谋求一条新的流路是解决现有问题的主动途径。然而,改道并不能从根本上解决河流的问题,而且还存在诸多难以解决的难题。新河道行河初期,堤防、河势、泥沙等各项情况都不够稳定,很难确保安全。而且在人口稠密、经济布局密集的地区实施改道,放弃现有已经成型的各种水利枢纽工程、灌溉、交通、通信等体系，并辟新的河道，建设新的防洪系统，以及移民搬迁等都需要的巨额费用支撑。废弃的河道也会给经济、环境、生态带来新的困扰。改道论具有革命性、主动性和创新性，而且未雨绸缪的考虑一切可能方案是积极的、前瞻的，但是就现有国情来说，综合规划与治理、维持河道的稳定和持续的生命力是目前和今后相当长一段时期治黄工作都需要坚持的原则。

高效输沙入海是维持黄河稳定行河的关键。研究表明，高含沙水流比低含沙水流具有更强大的输沙能力（当代治河论坛编辑组，1990）。单独建设排沙渠道或者利用管道疏送均匀稳定的高含沙水流或许是今后黄河治理的新方向、新途径。

科技力量空前强大的的今天以及科技具有无限可能的未来，对法律法规制定者提出了更高的要求，决策时要充分考虑伦理、情感、道德等因素，寻求科学与哲学之间的平衡。

6.3　讨论与小结

随着近现代科学技术的发展，拥有高度的、可以支配自然的能力逐渐变为现实。中华人民共和国成立最初，曾出现过对改造自然能力的过度自信和急功近利，无度地向自然索取导致了事与愿违的结果。二级悬河、断流、水土流失、水利工程移民、淹没区处理、珍稀动植物保护、污水排放造成城市环境污染等生态问题纷纷出现。现代治水面临一系列新、老情况，黄河治水治沙效果近年来都发生了不一样的变化，目前黄河的径流量和泥沙输送量都呈显著下降趋势，这是多方面因素共同作用的结果。随着流域经济社会的快速发展和城市化进程的加快，目前各流域内普遍存在水资源被过度开发的现象,大大超出了当地水资源的承载能力,水资源短缺已成为制约流域经济社会发展的瓶颈。全国水环境形势十分严峻,水污染问题日益严重,水生态受损严重,这些都折射了中国经济发展与环境保护失衡的历史。水资源有效利用和开发、水环境保护和水生态文明建设不仅事关人民群众的切身利益,更与国家经济社会的发展和中华民族的伟大复兴息息相关。

在当前的环境下,现代治水的理念由"控制洪水"转变为"资源水利""生态水利"。古代水利的特征,是人们只能适应水的自然状态,实施简单的工程和措施来趋利避害。近代的水利的发展使得人们能够实施多目标、复杂的系统工程,积极使水的状况适应人类自身的需求,兴利除害。现代水利及今后发展阶段,应该是正确处理好人水之间的和谐发展,实行包括技术、生物、社会等在内的多目标、综合性措施和工程的进一步结合,以取得多方面的效益。科技始终是推动生产力发展的关键动力,在遥感、地理信息系统、现代通讯等科学技术的支撑下,中国的治水事业在科学的理念下、在规范的法律保护下、在"维持河流健康生命"思想的推动下,正在积极谋求新的发展途径。现在以及未来,科技无限进步,各项治水政策的制定需要更多地考虑具有人文情怀的因素,寻求科技与伦理、情感的平衡。

第 7 章

黄河流域治水
文化变迁及其影响

中国城市选址的一个基本规律就是把城址选在河流的沿岸（马正林，1999）。黄河是中华民族的摇篮，黄河流域孕育了中华民族的早期文明。从我国第一个王朝夏建立以来，都城城址虽几经变迁，但都集中在黄河流域的中下游地区。黄河及其支流构成的黄河水系对古代都城的兴衰产生了巨大的影响。西安、洛阳和开封是黄河中下游地区最为重要、最为著名，也是定都时间最久的三座都城。本书以这三座城市为例，试图解释和分析黄河水系及黄河流域治水文化变迁在中国古都兴衰荣辱发展史中以及城市和地区的发展中的作用。

本书从西安、洛阳、开封三座古都在自然地理和经济地理上优势出发，分析了自然环境要素对古都发展的影响，特别是黄河及其支流水系的变迁对其兴衰的影响程度；探讨了从西汉至宋元时代各个历史时期三座古城地区水旱灾害发生的频率，揭示了灾害与气候变化之间的关系以及对古都的影响；阐述了气候变化对水资源、森林资源和农业的影响，以及由此引起的北方游牧少数民族因生存环境恶化而武力南侵带来的社会动乱甚至是朝代更替；分析了水运对城市发展的影响，以及因航运成为王朝生命线而带来的古都的兴盛与衰落；经济地理上的优势决定了都城的选址，由此带来的政治地位的高低决定了城市发展的速度和规模；阐述了近现代和当代黄河治理与开发对城市的影响。

7.1　水系变迁与古都兴衰

　　水源是城市生存和发展的生命线,特别是早期城市,多发源于河流附近。临近河流往往具有良好的水生态环境,这样就方便城市供水、排水以及水运交通。

　　西安,古称长安,位于关中平原中部的渭河平原,河流密集,曾有"八水绕长安"的美称。"八水"指的是北边的渭水、泾水,西边的沣河、涝河,南边的潏水、滈水,和东边的浐河、灞河八条河流。它们在西安城四周穿流,均属黄河水系(见图7.1)。先后共有13个朝代在此建都,汉唐盛世的长安城是其最为辉煌的全盛时期。洛阳,从夏朝开始先后有13个王朝在此建都。它位于黄河中游的伊洛平原,周围有与黄河沟通同属黄河水系的伊、洛、瀍、涧四条河流,据黄河之险,自古有"八关都邑,八面环山,五水

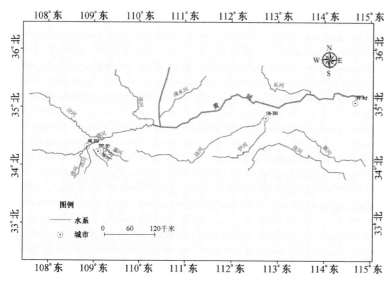

图 7.1　西安、洛阳、开封水系简图

注:主要依据《中国历史地图集》(谭其骧,1982);《古代黄河中游的环境变化和灾害——对都城迁移发展的影响》(李燕,黄春长,殷淑燕,等,2007)文献整理。

绕洛城"的说法,是隋唐大运河的重要枢纽。开封,古称汴京、东京,是八朝古都。它位于黄河中下游平原河南中部的豫东平原,北依黄河,濒临汴水。

7.1.1　长安城变迁

关中平原最早的都城是周文王建立的丰京及其子武王建立的镐京,两城隔渭河的支流沣河而建。此二京修建在渭河平原南岸最为宽阔之地,且地势相对低平。这样的地势加上靠近水源,使得这里成为早期人类生活的天然良地。

秦将都城建在咸阳,是为了取其"山水俱阳"的特点。咸阳因临近黄河支流渭水,处于水陆交通枢纽,地理位置十分优越。它仰仗渭河发展起来,但其发展也受制于渭河。首先,渭河向北不断偏移,有研究表明渭河每年平均北移 2 米左右(甘枝茂,桑广书,甘锐,等,2002;殷淑燕,黄春长,2006)。渭水北移,挤压了城市发展的空间,最为严重的是河道在移动过程中对北岸进行了长期的强烈侵蚀,容易造成崩岸,带来了许多不稳定因素。其次,渭河南岸水系比北岸更加丰富。从图 7.2 可以看出,北岸的主要河流只有东北角的泾河,而南岸的主要河流有沣河、皂河、灞河、浐河等。因此,都城向南发展容易获得更多的水源,加之古咸阳城取水和排水都主要依赖渭河,河流负担重,造成渭水水质下降。种种原因使得从秦开始,统治者就把目光投向了渭河南岸。秦统治者在渭河南岸兴建了阿房宫、甘泉宫等一批宫殿。

汉在渭水南岸龙首原西北麓兴建汉都。同样是为了就近水源,以及看中了渭水的漕运优势,汉长安城直抵渭河南滨,城墙受河岸地形制约呈现非常明显的斗字型状,人称"斗城"(见图7.3)。汉长安城同秦咸阳一样也是将雨水和污水排入渭河。

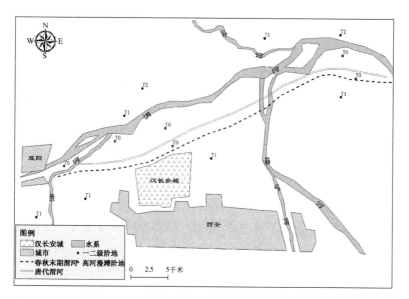

图7.2 渭河西安段地貌概况及河道变迁图

注:主要依据《中国文物地图集:陕西分册》(国家文物局,1998);《古都西安的发展变迁及其与历史文化嬗变之关系》(朱士光,肖爱玲,2005);《论关中盆地古代城市选址与渭河水文和河道变迁的关系》(殷淑燕,黄春长,2006)文献整理。

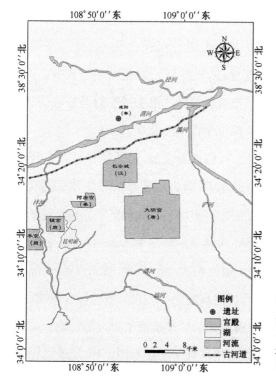

图7.3 汉长安城和唐长安城布局图

注:主要依据《中国文物地图集:陕西分册》(国家文物局,1998);《古都西安的发展变迁及其与历史文化嬗变之关系》(朱士光,肖爱玲,2005)文献整理。

由于渭河航运功能的下降,加上污水长期排放造成汉末渭水和其周围地下水源水质严重下降、不宜饮用,而且过于靠近渭水,也容易受到洪水的侵扰,隋朝统治者便在面积更为开阔的龙首原南麓兴建隋大兴城。唐长安城就是在此基础上扩建而达到其雄伟巍峨的风姿的。此时的长安城城市水源丰沛,有"八水绕长安"之称,长安城进入全盛时期。

历经多个王朝长期对渭河的排水、排污,渭河及其附近地下水的水质早已受到了严重的污染。隋初就有文献记载"汉营此城,经今将八百岁,水皆咸卤,不甚宜人"(《隋书·庾季才传》)。宋时亦有西安城"井泉大半咸苦,居民不堪食"的评价。更由于在经济地理上无优势,唐之后再无王朝将西安定为都城。

7.1.2　洛阳城迁移

山之南、水之北谓之"阳",洛阳因位于河南西部洛阳盆地的洛水之北而得名。洛阳从其命名就与水有着不解之缘。洛阳地区共发现五大古代都城遗址,洛阳是夏王朝政治和经济中心,在洛阳附近发现的最早的城市遗址偃师二里头遗址以及东临伊、洛河交汇处的商汤西亳遗址都位于古洛河北岸。

西周时期,都城本在镐京,后迁到洛邑,但选址并没有在原来的夏商都城所在的伊洛平原东部,因为随着都城的发展规模越来越大,此地地域过于狭隘,发展空间受限,且地势低下容易受到伊洛河洪水威胁。周成王将目光西移至地势更为开阔之处,其中东周王城遗址位于洛河与涧河汇流处东侧,涧水以东,瀍水以西,西部城墙部分建于涧河以西,是跨河建城的初步尝试。不过因靠近涧河、洛河,虽用水方便,但水患对都城的发展造成了很大的影响。东周的成周城遗址位于瀍水以东,洛河河床平缓开阔之处,城址选择与洛河之间尚有一段距离,这样就避免了水患的危害,不过因为城市选址地势较高,就给城市供水提出了更高的要求(段鹏琦,1999)。

汉魏时期,洛阳城是在东周时期的成周城基础上扩建的,都城随着朝代的更替几经兴废,历经东汉、曹魏、西晋和北魏。跨过洛河,城区覆盖伊、洛之间,到达伊河北岸。隋唐东都洛阳城向西移动,位于东周王城东侧,跨洛河而建,洛河变成穿城而过的河流。隋唐洛阳城是人类对水、对河流控制能力大大提升的产物。它不仅跨洛河南北而建,而且将洛阳盆地的四条主要河流伊、洛、瀍、涧交汇贯通起来,并与黄河沟通,形成了一个以洛水为基干,所有渠道均与洛水贯通的纵横交错的水路网络。洛阳城址西移就是为了争取更为充沛的水源(焦海浩,2014)(见图7.4)。隋唐时期开凿的大运河更是以洛阳为水运中心,南向是江南粮食、

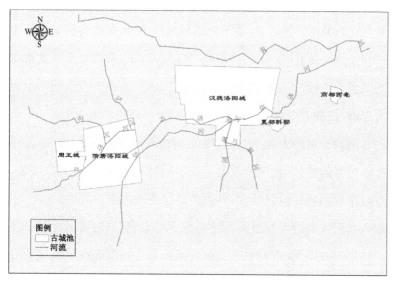

图7.4 洛阳水系与都城遗址示意图

注:主要依据《中国文物地图集:陕西分册》(国家文物局,1998);《古代黄河中游的环境变化和灾害——对都城迁移发展的影响》(李燕,黄春长,殷淑燕,等,2007)文献整理。

财物北上的通道,北向是控制辽东的通道,洛阳城也由此进入了它在中国古代历史上最为鼎盛的时期。但是,随着城市发展得越来越繁荣,人口激增,大量居民因城内可利用的土地越来越少而搬迁至河流低地居住,因此受河患影响严重。安史之乱后,大运河由汴河经由渭水直达长安不再过洛阳,洛阳因丧失了大运河的中心地位而渐渐走向衰落。

7.1.3　开封城与黄河

开封城完全是一座因水而兴、因水而衰的城市。第一个在此建都的是战国时期的魏国大梁城,开封迎来了它历史上第一个辉煌时期。鸿沟水系的开凿为大梁的兴盛和繁荣立下了汗马功劳。鸿沟是一个以大梁为中心,沟通黄河下游、淮河中下游的水运网络,大梁城由此成为著名的水陆都会。鸿沟水系的建设还提高了开封地区的排洪能力,改善了农田的灌溉条件,大大促进了农业生产和经济的发展(李润田,圣彦,李志恒,2006)。鸿沟带来了大梁城的兴盛,也导致了它的毁灭。公元前225年,秦将王贲引鸿沟水灌大梁,致使魏灭亡,大梁遭到毁灭性的破坏,地位一落千丈。

隋唐开凿的大运河,通济渠是其中最为重要的一段,而处于咽喉位置的汴州,自然因其突出的水运便利条件,地位日益显著。经过隋唐两代的发展壮大,开封俨然已经成为中原重镇。

北宋时期的开封城离黄河有数百里之遥,它的决溢泛滥对开封城影响并不大,黄河及其支流汴河反而为城市的发展提供了有利的条件。汴河上通黄河,下接淮河,是大运河的咽喉,为开封城送来了粮食、物资、财富以及繁荣。而且汴河还对开封的农田灌溉、居民用水、工业经济的发展起到了巨大的促进作用。

然而黄河和汴河的泥沙以及水患问题依然困扰着开封城,特别是金初黄河河道南下大改道夺淮,开封城由宋时离黄河有数百里之遥到紧靠黄河险工河段。在此期间,黄河河道频繁变迁,极不稳定,共有 7 次大水进城的记录,开封深受黄河水患之害。

正是黄河的缘故,开封从国都衰落到省城,进而成为一个地区性城市,一步步走向衰落。黄河的一次次吞噬,加之泥沙和战争侵扰,使魏大梁城、唐中原重镇汴州城、宋都东京城、金汴京城、明开封城到清开封城,一座座故城遗址逐渐被泥沙掩埋,形成了"城摞城"的奇特现象。然而,也正因为黄河的泥沙掩埋,这几座城池才得以免受更多的兵火风沙摧残而较完整地保存至今,给我们留下了一份丰厚的文化遗产。

都城因黄河水系变迁的原因不断向南或向西迁移争取更多的水源,亦或是在黄河淹城后在原址上一次又一次重建新城,是顺应黄河水系自然地理条件的表现,是顺天应命治水文化特征的体现。

7.2 水旱灾害与古城变迁

7.2.1 水旱灾害与都城发展

选择都城的过程从某种意思上可以说就是寻找适宜生产和生活的优良生态环境的过程。地形、水系、土壤、气候、灾害等自然因素是都城选址中重要的参考因素。元代之前的朝代都城主要是在西安、洛阳和开封这三座历史名城之间交替变更。这三座城市或在黄河之滨,或在黄河重要支流的两岸,都与黄河有着不解之缘,黄河水旱灾害、河道变迁、水沙特点等对三座古代都城都有着深刻的影响。特别是水旱灾害的发生,威胁农业生产、人民生活,洪水甚至还会吞没城市。

本书对水旱灾害发生频率的统计以 50 年为统计单位,并标注出相对应的大致历史朝代和都城信息。由图 7.5、图 7.6、图 7.7 可以看出,从公元前 202 年—公元 1279 年间,中国历史经历了西汉王朝至宋王朝的更替,西安、洛阳水旱灾害总的变化趋势随着历史的演进逐渐频繁起来。开封因是北宋都城的原因,所以宋王朝对开封地区水旱灾害记载得比较详细。而宋之前,除了"汴州旱""汴州大水"这样寥寥记载外,只能以"天下旱""河南大水"这样比较笼统的描述用于开封地区,因此在统计上只选用了 581—1279 年,从隋朝到宋朝的历史记载。

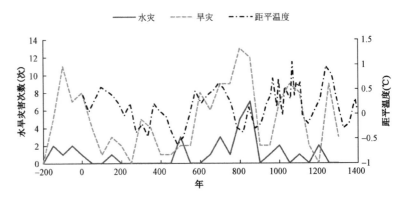

图 7.5 西安历史水旱灾害图

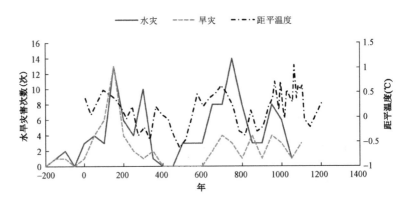

图 7.6 洛阳历史水旱灾害图

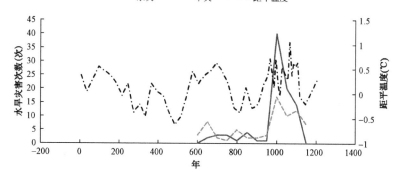

图 7.7 开封历史水旱灾害图

从统计可以看出,作为都城时期,这三座城市的水旱灾害频率明显高于非都城时期。而且水旱灾害似乎具有同步性,即水灾频繁时旱灾也相对频繁。这与前人的研究成果一致(李燕,黄春长,殷淑燕,2007)。西安地区的旱灾频率明显高于水灾频率,洛阳地区的水灾频率高于该地区旱灾频率,开封旱灾和水灾都较多,特别是到了 10 世纪后半叶北宋将此地作为都城后,水旱灾害的记录相当详细和丰富,旱灾还在此时出现了一段相当高峰时期。

这三座城市作为都城时,水旱灾害记录频率较高,有如下可能的原因。首先,中国历代王朝对都城都相当重视,对都城各种记载也比其他城市更为详尽,自然对都城及其周围地区水旱灾害的记载也十分丰富。历史资料对各个城市灾害发生的记载详略情况也能反映出这座城市在当时社会中的政治和经济地位。西安之所以在整个中国古代历史长河的文献中都会有比较多的记载,是因为即使这座城市没有作为都城,但它仍然作为北方重镇影响着中国历史,并在历史长河中占有一席之地。洛阳一直是古代中国人眼中天下的中心,在中国古代历史中扮演着极其重要的角色,从元代才开始衰落,因此之前的历史资料对这座城市各项情况仍有较多记载。开封除了战国时期的大梁城兴盛一时外,一直是个小型普通城市,直到唐朝开始因为水运的缘由地位才变得日益重要,因此历史上对这座城市各种灾害的记载非常匮乏,北宋都城是其在历史上的全盛时期,之后一路衰败,变成一座中小型城市(见图7.8)。根据城市的历史地位从数值1至10来进行划分。1为一般性城市、县治城市;2为州治城市;3为较发达城市;5~6为发达城市;7~8为重要城市、省会、地方性行政中心;8~9为都城;10代表城市发展最为顶峰时期,开封为北宋时期、洛阳为武周时期、西安为唐朝。)

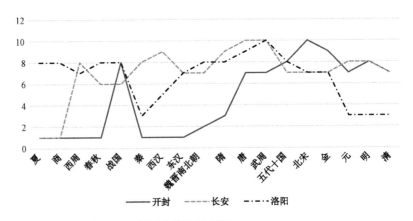

图7.8 西安、洛阳和开封城市发展周期图

其次,当一座城市初被选为都城,一定是因为此地生态环境宜人、水资源丰富、土壤和植被条件优越、粮食高产、森林茂盛,十分适合定都。人口也刚刚开始增长,与经济发展和生态支撑相匹配。然而,随着城市经济和手工业的不断发展,加上人口的急剧增加,城市的生态系统渐渐不堪负荷。粮食产量逐渐跟不上,甚至不从外部运粮到京城连皇帝也会断粮,这就是为何西安、洛阳和开封这三座城市明明地处相当发达的粮食产区(西安地处关中平原、洛阳地处河洛平原、开封地处黄淮平原,都是中国粮食的主产区),依然不能完全负担京城所需,不得不从关外和南方运送粮草。为了增加粮食产量,古人必然会大量开垦田地,渐渐向河流滩地方向延伸,与河流争地必然会受河水泛滥的威胁,因此河流坏地、坏城的记录就会更多。加上为了开垦新地,对原有草原和森林的过度砍伐、侵占也必然会加剧水土流失。汉唐的繁荣是建立在黄河中下游地区农耕地的不断扩大和向自然大量索取的基础上的,是以环境的失衡为代价的(邹逸麟,2005)。以木结构为主的中国古代城市建筑,为了建造房屋,必然会对原本茂盛的山地森林进行砍伐。人口急剧增长,对水资源的要求会更高,不仅要大量引水以方便居民取水、用水,而且城市废水、污水都是以城市周边的河流为排泄通道的。排污入河会对河流造成相当大的污染。西安附近的渭水就是因为污水的长期排放而变得不可饮用。这些都会对生态系统造成严重的破坏,进而进一步影响水旱灾害的发生。

再次,气候的变化也是影响水旱灾害的重要因素。将 Ge 等人做的中国 2000 年来中东部地区温度变化趋势与西安的水旱灾害趋势图做比较,会发现两者具有明显的相关性(Ge,Zheng,Hao,et al,2010)。几乎每一段气温的上升和下降都能对应相同升降的水旱灾害变化。这或许和西安的地理位置有关。西安地处关中盆地中部,地势较高的龙首原南侧,渭河二级和三级阶地上,南部为秦岭山地。由于地处大陆内部,不受海洋作用对气温及降雨的调节,而南部又受到秦岭山脉的屏障作用(邓书俊,石峰,1991),加上地势较高,以及区域内主要河流渭河存在常水量不足的问题,且降雨年内分布极不均匀,因此当温度高于平均温度时,旱灾问题比较凸显。当然,暖湿的气候也会增大降水和河流大水的机率,这也是为何同一时期,水灾记录也频繁的原因,只是不如旱灾更为凸显。而且因为渭河地势实际是比西安城低,而且隋唐开始城址离渭河距离较远,因此,水灾对城市的影响也并不严重。开封虽然统计年限短,但从仅有的统计中可以看出,开封水旱灾害最为频繁的时期也是气候波动最为激烈的时期。洛阳的水旱灾害变化也基本对应气候变化,因其自身的地理位置,其水灾的频率更为凸显。洛阳虽与西安纬度较为接近,但是洛阳更靠近东部,海洋作用对气候调节更大,因此更为湿润,水灾也更明显,而且就文献记载来看,洛阳地区的水灾灾害程度也更严重。而且洛水作为洛阳地区的主要河流在隋唐已是穿洛阳城而过,因此极易受水患的影响。

气候的波动也会影响农业生产,加上人口的急剧增加,大面积开垦田地,使得农牧交错带不断北移。气候波动不仅影响汉族的农业生产,也影响着北方游牧民族的生存环境。不断北移的农牧交错带,以及自身生存环境的恶化,使得游牧民族为争取生存空间不断南侵,造成了社会动荡甚至是王朝的更替。王朝更替自然会带来都城的重新选择和定位,这也反过来影响着一个城市的地位和发展命运。

7.2.2 水旱灾害与人口迁移

多种因素会导致人口迁移,其中一个重要因素是环境恶化。在环境因素中,人群因自然灾害特别是洪涝灾害这样的极端变化而主动或者被动的改变自己的分布。国际移民组织(International Organization for Migration,IOM)将这一类人群定义为环境移民,并给出了定义,即那些主要因为突然或者渐进性环境变化而在生活条件和生存方面受到负面影响的人群,他们被迫或自愿选择暂时性或永久性地离开他们的家园,或者是在本国或者是去国外。黄河泛滥频繁,决溢和改道事件时有发生,几次大规模的改道不仅对黄河中下游地区的地形地貌产生了重要的影响,更是对该地区人口的分布产生了不可磨灭的影响,这种人口分布的变化又引起了社会、经济的诸多变化,这些变化都深深烙有文化的印记。

(1)黄河铜瓦厢决口改道及其后续发展对清代山东人口迁移的影响

清咸丰五年(1855年)黄河在河南兰阳铜瓦厢决口,这次决口造成了黄河大改道,结束了黄河700多年南流的历史。改道夺大清河向东北在利津附近注入渤海。1855—1877年间,黄河在铜瓦厢至张秋的300余里的鲁西南平原上南北迁徙摆动漫流,这一期间山东西南地区受灾最为严重,而大运河以东的黄河两岸为非漫流区,灾情并不严重。因此山东西南地区灾民大量迁移,迁移的人口大致分为两类:一类以山东境外的垦荒为主;一类以在山东境内黄河两岸的短距离迁移为主。垦荒型的外迁主要南下流向两个地区,一个流向徐州微山、昭阳湖边荒地。迁入的灾民在东至湖边,南起铜山,西至丰县,北至鱼台的沛县等地区以团的形式聚集起来垦荒,因此被称为"湖团"。另一个垦荒型的人口外迁主要流向了铜瓦厢改道后南方徐淮之间的废黄河故道(见图7.9)(董龙凯,1998)。国际上一般认为洪灾这中极端的气候灾害,因其突发和短暂的特点,其影响往往是短期的和区域性的,在导致长期和长距离的人口迁移方面的作用有限。因此,由低地迁至高地,或者迁往河患较轻的对岸,亦或者是迁向距河稍远地方的短距离的移民会是一种普遍现象。铜瓦厢决口改道后,山东境内沿河各地各乡镇中这种现象非常普遍。

铜瓦厢决口后,由于清政府一直未能对决口进行堵复达20余年,光绪三年(1877年)山东巡抚李元华在黄河北面金堤之外建立了近水北堤,黄河被约束于两岸堤防之间不再到处流徙,鲁西南漫流结束。光绪九年(1883年)山东巡抚陈士杰在大清河

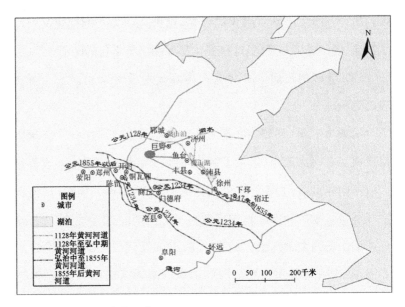

图7.9　人口迁移路线示意图

注:主要依据《中国历史地图集》(谭其骧,1982);《1855~1874年黄河漫流与山东人口迁移》(董龙凯,1998)文献整理。

两岸修筑大堤,至光绪十年(1884年),相当完整的新河堤防基本被建立起来了。但初建的新黄河大堤是在民埝基础上修筑而来的,质量并不高,高度和厚度都有待加强,河堤在布局上,上宽下窄,排水不畅,新河决溢也很频繁,此时运河以东沿河两岸河患逐渐严重。

　　与之前的情形相同,山东境内的短距离避灾人口迁移仍然占有相当重要的比例。江苏等地的原黄河河道因地域辽阔、淤地深厚肥沃,一直深受避灾移民的青睐,光绪年间来此避灾的移民人数也很多。黄河在铜瓦厢决口后漫流成灾,泥沙大量淤积,淤地不断出现,黄河三角洲逐渐外延(董龙凯,1996)。贾庄合龙后,随着河道一次次决口,地被河淤,荒滩变良田,垦户渐多,肥沃的土地吸引了不少受生计所迫的灾民前去垦荒。西部数省距山东较近,幅员辽阔且人口稀少,因此移民西北等地也是山东避水灾民的选择之一。随着咸丰十年(1860年)东北解禁,这片土壤肥厚、地域广阔的天地向世人开放。通过海路进入东北的山东避水灾民也不在少数(见图7.10)。

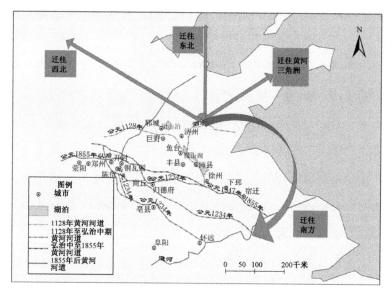

图 7.10　人口迁移路线示意图

注:主要依据《中国历史地图集》(谭其骧,1982);《清光绪年间黄河变迁与山东人口迁移》(董龙凯,1998);《近代黄河三角洲的发展与移民》(董龙凯,1996)文献整理。

(2)黄河泛滥带来的人口、社会、经济变化及其背后的文化意义

古代中国是传统的农业社会,因此人力资源在农业、经济和社会发展中占有非常重要的地位。对人口迁出地来说,如果当时本身人口较少,那么人口迁出后更少,不利于此地的农业的恢复、水利工程的修建,以及生存和经济的复苏。人口少则会加剧土地的荒芜,不利于灾区的重建,而且会出现经济萧条现象。如果此处人口本来较多,虽然人口迁出后会缓和当地的人口压力,减轻人地矛盾,增加当地人的生存空间,但是因水患而迁出的人口往往是青壮年劳力,甚至是技术人才,还有权贵世家,他们不仅带走了物资、财富,更是将自己的知识和技能带入了迁入地,这种人力

资源和物力资源的迁移对迁出地无疑是一种损失。对于迁入地来说,因水患逃难而来的基本都是灾民和流民,要安置他们需要不小的费用,需要政府的政策支持和引导。而且流民出于生存的压力会和当地人争抢各种资源,不仅加大了人口与资源的矛盾,而且会因此引发一系列深层次的社会和经济矛盾,加剧了对环境的破坏,影响社会的稳定、经济的发展。当然,迁入地也因此获得了不小的人力资源,甚至是先进的生产技术和手工业技术,给经济发展注入了新的活力,促进了当地发展。人口迁移也成了经济转移的重要组成部分。宋王朝期间的人口迁移成了经济重心南移的巨大推动力,也造成了迁出地经济的严重滞缓。因此人口迁移是一个复杂而双刃的过程。

人本身就是文化的制造者,人口迁移本身也是一种文化现象。在文化传播的各种媒介中,特别是在古代,文化传播离不开人,人口迁移流动是最重要也是最基本的一种方式。人口迁移增加了各地在文化上的交流和亲缘关系,促进了民族融合和经济文化交流。"人口在空间的流动,实质上也就是他们所负载的文化在空间的流动。"(葛剑雄,1997)伴随着人口迁移流动的是其所负载的文化在空间上的流动,包括思想观念、语言文字、风俗习惯、生活饮食等。

因科学技术发展的局限性,在水旱灾害的影响下而不得不进行的都城迁移或者人口迁移是一种被动的趋利避害的治水文化。即使是为了应对灾害而兴建的水利工程也是为了躲避水旱灾害对生命和财产造成的伤害和损失,趋向于有利于自身发展的被动的举措。

7.3 水运经济与古都兴衰

古代的物质严重依赖航运,因此一个城市的水运便利性与能力决定了这个城市在古代中国经济地理上的优势,进而影响了它在政治上的重要性。中国古代都城的选址,虽然受各种综合因素的影响,但不得不承认,水源优势以及航运的便利性在都城选择上起到了非常重要的作用。西安、洛阳和开封这三座中国古代名城的兴衰正是水运在都城发展中地位体现的真实写照。

渭水是西安的重要水源,亦是重要的运输河道。汉时渭河水量变得不足,不及春秋和秦,而且流浅沙深,航运条件变差。武帝沿秦岭北麓西起昆明池,沿昆明渠,开凿人工运河漕渠,与渭河平行,直至潼关进入黄河,缩短了潼关到长安的水路运输距离。渭水的水量在隋唐时期较汉时更小,且河道曲折多沙,航运能力更差,隋时曾评价"渭川水力大小无常,流浅沙深,即成阻阂"。隋代以渭水为水源,开凿了一条从长安至潼关联通黄河的广通渠。渠成后,"转运通利,关内赖之"(《隋书·食货志》),故又称为"富民渠"。广通渠的开通,方便了从关外运输粮食和物资供应西安城,为隋唐两代西安城的发展和繁荣提供了有力的支撑。

唐中叶后全国经济中心南移,由原来的黄河中下游地区转移到长江中下游地区。都城的物资大量依赖南方的供给,航运成为生命线。而且随着中央机构的迅速扩大,人口的急剧增加,关中的生产已经远远不能满足都城的需求,此时沟通南北的大运河的地位愈来愈凸显。长安因为水运过程中一直有三门峡之险的困扰,唐初多是在物资抵运至洛阳后改陆运过三门峡后再溯河入渭至长安的。之后虽几经努力,但三门峡通漕十分困难,直到天宝年间开山凿石渠才有所好转,但是三门峡之险始终是李唐王室在漕运上的心病,运输困难且耗费人力。这也是为何洛阳作为陪都在唐代地位如此之高、如此重要的原因。物资运输至洛阳比达到长安更加便利。洛阳作为隋唐大运河的中心,南来北往的物资都以洛阳为中转点。洛阳城在唐代达到了其在封建社会中发展的顶峰。位于洛阳城东的含嘉仓是全国规模最大的粮仓,其储粮就占全国一半。唐朝甚至出现了皇帝因关中无粮,要"就食"洛阳的情况。

洛阳和开封因其地理位置自古就是联系黄河与江淮的重要城市。战国时鸿沟的开凿沟通了黄河下游地区和淮河中下游地区,成为黄淮间主要的水运交通线路。这条航运线上的洛阳和开封因此受惠,成为水路交通的核心地区,社会经济迅速发展。隋代的大运河,更是将黄河、长江、淮河、钱塘江的水系连接起来,形成了以洛阳为中心,西至关中,南通余杭,北抵涿郡,长达5000余里的大运河水上运输线。

唐后期,黄河流域和长江流域经济发展更为悬殊,唐王朝对南方财赋依赖越来越大,大运河中沟通黄河与淮河的通济渠(即汴河)的地位尤为重要。唐代诗人曾这样描述:"汴水通淮利最多,生人为害亦相和;东西四十三州地,取尽脂膏是此河。"加上唐代对漕运制度进行了改革,即在各个水运节点设置粮仓,分段运输。运往关中长安的江淮物资不再像过去那样都在洛阳中转,洛阳渐渐失去了其转运中心的地位,经济地理上的优势慢慢衰落,而汴州(即开封)处于汴水的咽喉位置,开始作为大运河的中转点,其水运枢纽的地位越来越重要。

正是因为其在水运交通上的突出作用,带来了开封在经济地理上的绝对优势,开封取代西安和洛阳成了宋王朝的都城,迎来了其在古代发展史上最为辉煌的时期。宋都开封依旧仰仗江淮地区物资的供应,因此汴渠(即隋开凿的通济渠)漕运在北宋的经济发展中的作用更为突显,汴河的漕运量也远远超过了唐代汴渠的漕运量,数字相当可观。

元朝定都北京,为了缩短运河航线,使物资尽快从南方运往北方,截弯取直,在东部开凿一条连接京城与江南的大运河。洛阳和开封水运枢纽地位不再,自然日渐衰落(见图7.11)。

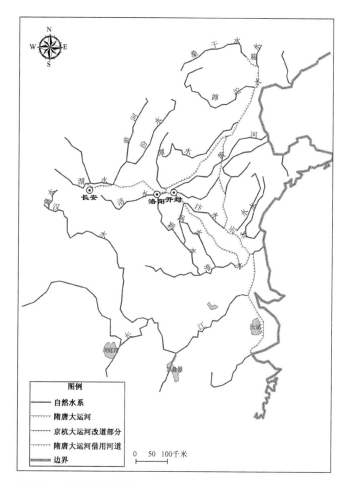

图7.11 大运河变迁图

注:主要依据《中国历史地图集》(谭其骧,1982)。

水运经济在古城的变迁发展中也起到了举足轻重的作用。一些城市因水而兴也因水而没落,这种因其在水上交通运输方面的优势造成的城市的兴衰,充分体现了趋利避害的治水文化。逐城市因水运便利带来的经济地理上的优势,一旦这种优势不突显,人们就不再热衷追逐于此,甚至会刻意避开,而改寻其他出路和方法。

7.4　近现代治黄工程与城市发展

近代以来,特别是中华人民共和国成立以后,随着科技水平的进一步发展,治河水平和能力不断提高,黄河治理开发取得了很大的成绩。初步形成了有效的防洪体系,大面积加高加固堤防,整治河道,修建拦蓄和分滞洪水工程,注重下游放淤巩堤和河道治理。注重水资源综合开发利用,修建了各类大中小型拦河坝、水库、水电站千余座,大力开发黄河上游的水电、灌溉和航运。在上中游水土流失区域开展水土保持工作。兴水利、除水害是此时黄河治理的主要目标,通过综合治理措施,缓解洪水对下游的威胁,通过水土流失防治工作,改善黄土高原生态环境,逐步减少泥沙的输入。

此时的设想是在黄河干支流修建一系列拦河大坝和水库,以起到调节水量、拦蓄泥沙和洪水的作用,防止水害。三门峡水利枢纽工程是此时的一个关键工程,构想通过高坝大库达到王化云提出的"除害兴利、蓄水拦沙"的目的,以此来彻底治理黄患。由于对客观规律认识不足,三门峡并未达到预期的效果,后改为以"滞洪排沙"为目的,再到之后变成了"蓄清排浑"低水头径流式电站,库区的淤积才有效得到改善,泄流和排沙能力加强,才使得三门峡工程在社会主义的发展中发挥了巨大的经济效益、功能效益和社会效益。

兴利除害是此时的治水的目标也是此时的治水文化,希望在科技的强有力支撑下,通过一系列行之有效的措施根除黄河水患和水沙影响,使黄河水沙资源在上、中、下游都有利于生产和发展。的确,在一系列的组合措施的影响下,黄河河道相对固定和稳定,江河治理取得了很大的成功,但也出现了一些失误。不过,虽然出现了三门峡工程淤积严重超出预计,淤积部位向上游发展,"翘尾巴"

而威胁西安的情况。但总体而言,政治环境的稳定、河道治理的成功使得黄河河道基本稳定。虽然也出现了多次洪水的威胁,甚至是流域性大水的威胁,但经过人们艰苦的战斗,最终战胜了灾害。黄河流域旧时备受水患灾害影响的城市,例如西安、洛阳、开封等,不再受黄患之苦,经济、人口、社会、工农业都得到了长足的发展。

7.5 黄河流域综合治理开发、保护与城市发展

经过几十年的发展建设,我们在江河湖海的治理上取得了瞩目的成绩。但洪水的威胁依然存在,黄河水少沙多的情况并未得到有效改善,地上悬河、二级悬河问题日益突出,水资源供需矛盾突出,生态环境恶化趋势明显。在科技高速发展,对自然规律认识不断深化,不断总结经验教训的基础上,中国的治水文化也有了一次重要发展,由兴利除害发展为利用与保护并重。黄河流域的治理开发与利用向着更加综合化、系统化和科学化的方向不断发展和完善。

由于黄河特殊的河情,黄河的治理开发与保护是一项长期的、艰巨的、复杂的工程,虽然基本形成了以中游干支流骨干水库、蓄泄洪区工程、河防工程为主体的下游防洪工程体系,加强了非工程措施的作用,保障了流域两岸地区的安全和稳定发展。但黄河防洪防凌形势依然严峻,水资源供需矛盾依然尖锐,水土流失防治、水污染和水生态环境保护任务依然艰巨,水沙调控体系依然不完善,流域综合管理能力依然相对薄弱,这些都会对流域内地区经济的发展产生深深的影响。

目前,不断完善的黄河防洪减淤体系,有效控制了黄河洪水和泥沙,保障了堤防不决口,基本控制了游荡性河道河势,相对稳定了入海流路。努力改善"地上悬河"和"二级悬河"的现状,形成"相对地下河",

维护黄河现有河道的稳定,谋求黄河长治久安,为黄河流域城市和地区的稳定发展提供基础保障。加强上中游水土流失地区和水土保持系统工作,改善当地的生态环境,为城市和地区的经济发展服务。

城市已不再像过去那样独立发展,而是按国家主体功能区的规划形成全流域经济发展战略格局。在流域西部资源丰富区域,建设国家重要能源、战略资源接续地和产业聚集区。在流域中部和东部地区,重点推进太原城市群、中原经济区、山东半岛蓝色经济区的发展,加快构建沿陇海、沿京广和沿京九经济带。合理有序开发能源和矿产资源,建设内蒙古、陕西、甘肃、山西、河南这样的能源化工基地。发展高效节水农业,形成以黄淮海平原、汾渭平原、河套罐区在内的全国农业生产基地。促进西部大开发、中部崛起和东部地区率先发展,使流域经济社会得到快速发展(黄河流域综合规划(2012—2030))。

水利事业由工程水利发展为充分考虑水资源优化配置和水资源与水环境的承载能力的资源水利,以及以尊重和维护生态环境为主旨的生态水利,实现水资源的可持续发展与利用以及人类与自然的和谐共处。随着南水北调东线和中线一期工程的完工,黄河流域原本资源性缺水严重的地区如山东鲁北、鲁西南、河北、河南等省市的水资源供需矛盾得到有效缓解,原本因水资源不足,承载能力有限,不能满足本地区及相邻地区的社会经济和生态环境的可持续发展需求的矛盾得到缓解。

治黄事业努力从整体上缓解和抑制黄河流域环境污染和生态恶化,使黄河治理与开发得到长足发展,地区经济得到长足发展。维持黄河的健康生命和水资源的可持续发展为黄河流域的城市稳定和可持续发展提供了重要的保障。水与城市的关系向着更为和谐、更为健康的方向前进着。

7.6 讨论与小结

水是生命的摇篮,亦是文明的摇篮,古人依水而居,离水域30里以外的旱地都是不适宜人生存的区域(王玉德,张全明,1999)。中国古代知名城市大都因水而生,城址的选择往往靠近水源,河流是城市的生命线。没有水、没有河流,城市无法兴起,更难以持续发展。因此,对自然地理因素的考虑,特别是对这一地区水资源的考虑是古代都城选址的重要参考因素。只有靠近水源才方便用水、取水,才能灌溉农田、发展农业,人口才会跟着增长。有了丰富的水运网络,物资得到更好的流通,手工业和商业才能迅速发展。河流还是天然的防御手段之一。无论从经济还是从军事的角度考虑,水资源丰沛的地区都是兴建大型城市,特别是都城的首选。黄河作为中华民族的摇篮,不仅促进了城市的起源,带来了两岸城市的发展,黄河和其支流地区常常成为城市特别是都城建设的首选。同时它及其支流的各种水文、地质条件的变化、发展也引起了城市格局和发展的变化,甚至是城市的荣辱兴衰。黄河水系的影响是统治者在考虑都城选址问题时的重要考量因素之一。

西安、洛阳和开封,其丰沛的水资源、良好的水环境为其成为都城及之后的发展起到了巨大的支撑。而这三座城市水资源自身的特点也影响了城市的格局、迁移和兴衰。

自然灾害也是影响都城发展的重要因素。地处黄河中下游地区的西安、洛阳和开封这三座城市的发展和格局不仅深受黄河及其支流水系的影响,与之息息相关的水旱灾害的发生也给这三座城市的发展刻上了独特的烙印。无情的水灾甚至带来了开封城独有的"城摞城"现象。

由于古代交通不发达,因此定都在粮食中心产区显得十分必要。黄河中下游地区土质疏松,土壤肥沃,因此西安、洛阳和开封所在地都是领先于其他地区的农业发达地区。水旱灾害对农业生产起着至关重要的作用,而气候的变化不仅会加剧水旱灾害也会造成农业歉收甚至绝收,进而影响都城的生存。灾害是气候的一种反映,反过来,灾害的发生又可以在一定程度上影响某一地区某一历史时期的气候状况。都城在建立初期都是宜居城市,生态环境和谐,十分有利于城市的发展。随着社会和经济的发展,城市人口不断增加,对农业产出的需求更大,农牧交错带不断北移,威胁到了北方游牧民族的生存空间。如史念海先生所言:"从选择和决定都城的所在地起,人们就在利用和改造自然。"人类对环境的影响也促进了自然环境的演变,由此影响了城市的宜居程度,引起了城市的兴衰。而因气候恶化带来的北方游牧民族生存环境的恶化,也使得他们不断南侵以争取更好的生产空间。这就带来了社会的不稳定甚至是王朝的更替,从而影响都城的重新选择。

传统的农业社会,政治中心城市具有明显的发展优势。城市政治地位的高低往往决定了这个城市的发展规模和发展速度(吴朋飞,2013)。政治因素对城市兴衰有着直接的影响,这一点从西安、洛阳和开封的城市发展史上就可以看出。这三座城市作为都城时是其发展最为繁荣和辉煌的时期。一旦政治地位变化,不作都城,城市就开始衰落。政治因素直接影响都城的兴衰荣辱,行政中心的转移必然带来一个城市的兴盛和原来都城的没落。不过,我们也应该看到,当这个城市作为都城时,当权者也会更加积极重视这一地区水资源的建设和利用,治理河患、疏通河道、开凿渠道、兴建水利工程、丰富周边的水环境,反过来水资源的有效利用和开发也积极推进了城市农业和经济的发展,带来了城市的繁荣。而一旦这座城市不再作为都城,统治者对当地水资源的开发必然也没有之前那么重视了,水资源衰落了,城市也就跟着衰落。一个城市的水资源和水环境与这座城市政治中心地位的升降有时是相辅相成的,这一点在洛阳和开封两座都城的发展中尤为明显。这两座都城从最初的繁荣到巅峰的辉煌直至衰落都受到黄河和其支流水系水资源,特别是水运资源的深刻影响,甚至影响到了这两座城市在国家发展中的政治地位。而国家因其政治地位的变化,变化着对城市水资源的利用的重视程度,也影响着城市的格局和发展。

统治者因黄河水系的变迁而迁移都城,是在科技尚不发达时期,遵循水系自然规律特点,所呈现的被动顺应自然的表现,是顺天应命的治水文化特征的体现。城市因水旱灾害的影响发生相应的荣辱兴衰,以及人口的迁移现象,是趋利避害的治水文化特征的体现。当一个城市被选为都城时,当权者会更加积极重视这一地区水资源的建设和利用,无论是应对水旱灾害的工程建设还是对水资源的开发利用都趋向于趋利避害的治水文化特点。城市因在水运交通上的优劣而不断发展兴盛,也是趋逐利益、避免危害的趋利避害的文化特征的体现,一旦这种经济地理上的优势不明显后,城市也随之衰落。近代以来,特别是中华人民共和国成立后,兴利除害是这一时期的治水目标和治水文化特征。一系列的综合治黄措施取得了相当的成就,河道相对稳定,为黄河流域城市的经济、社会、人口和工农业生产的发展提供了重要的保障。同时,由于对客观规律认识不足所导致的矛盾,例如三门峡工程排淤功能的估计不足造成的潼关高程问题一度对西安这样的城市造成了威胁。随着科技的高速发展和进步,对客观规律认识的进一步加深和提高,不断总结历史经验教训,我们逐步认识到对黄河的治理不可能一劳永逸。当前的黄河综合治理开发与利用规划充分体现了利用和保护的治水文化特征,积极维持着黄河的健康和可持续发展。

第 8 章

研究总结

治水文化是人类在人水关系治理过程中所形成的一切物质、精神与制度成果的总和。治水文化是中华文化的重要组成部分。通过研究中国治水历程，梳理不同时期治水文化变迁，得到以下结论。

（1）中国的治水文化变迁大体经历了四个发展阶段

① 萌芽期。从远古时期开始至先秦为治水文化的萌芽期。在这一时期，黄河等河流提供了人们赖以生存的必要供养，因此此时人类对黄河等自然要素更多的是依附关系。著名的大禹分疏治水的传说，春秋战国时期农田水利工程以及航运事业渐渐开始发展，堤防建设在有效约束洪水方面显示出它的优越性。

② 趋利避害期。从秦至清末，漫长的封建社会，是中国治水文化的趋利避害期。随着科技的发展，生产工具的不断改进和生产力的不断提高，人们掌控洪水的能力随之增加，渐渐在治水方面发挥出更多的主动性。这一阶段依然处于被动治水阶段，防洪治洪是此时最重要的任务，对河流的开发和利用是以趋利避害为主。

③ 兴利除害期。从清末至中华人民共和国成立后20世纪70年代末期，中国治水文化进入到兴利除害期。随着近现代水利相关学科的建立和发展，科技在理论研究手段以及工程材料等方面的进步，人类治水的主动性和能力空前提高，治水活动蓬勃

发展,大型水利工程相继上马。这一时期是主动治水阶段,对河流的开发和利用目的是为了兴利除害。

④ 利用和保护期。从 20 世纪 70 年代末期直至现在,中国治水文化以利用和保护为特点。在一系列新老问题纷纷出现的今天,防洪减灾依然是河流综合治理需要重视和解决的重要问题。河流治理的理念已经从"控制洪水"转变为"利用和保护"。即在生态文明思想的指导下,保护和利用并重,生态治水,以维持河流的健康生命和水资源的可持续利用与发展为目的。

(2)不同治水文化理念导致不同时期治水实践具有不同特征

① 萌芽期。这一时期,人类与自然原始共生,充满依附和顺应。一方面,人们依水而居,河流给人以供养的恩赐。另一方面,河流会不定期的泛滥,洪水淹没农田、摧毁房屋,甚至夺走生命,让原始人类感到极度恐惧,人类对这一切无能为力,此时生产力极其低下、生产工具落后,人类对自然和自身认识非常局限,人类对自然环境处于完全被动的地位,人们怀着一颗敬畏之心来理解自然变化,顺应自然的各种变化,顺天应命的哲学观指导着这一时期的治水文化,具体表现为巫术和神鬼文化对此时人水关系和治水文化的深刻影响。不可否认的是,无论其表现形式在今人看来多么荒诞可笑,那都是古人在有限的条件和认识下,对自然和宇宙的理解,并且充满远古人类对征服自然的向往。此时人类只能被动地适应自然,自觉服从和归属自然。

② 趋利避害期。随着古代自然科学的发展,人们对自然界的认识逐渐提高,对治水有了更深入的认识。虽然巫术仍然会对古代治河活动产生一定的影响,但古代朴素唯物主义思想是这一时期治水文化思想的主流,并且随着治河实践的深入而更加丰

满,这一时期以顺应水势的堤防建设为特征。在这种思想文化构建下对世界本原的认识和自然观以及对各种关系辩证的看法,深深影响着治水实践的各个阶段。日积月累的治水活动启迪了中国古代科学的萌芽,独具中国特色的古代科技文化伴随着治水行为逐渐形成并源远流长。治水活动不仅揭开了文明的序幕,又为传统哲学思想的发展和科技的进步提供了生动的舞台。在历史长河中,中华大地相继涌现出了一批治水名士,他们的事迹、独到的见解和治理方略,闪烁着智慧的光芒。一个个巧夺天工的治水工程,开启了中国水利史的华丽篇章。一本本治水典籍,不仅记录了思想更是对文化的传承。这一切无不闪烁着古代治水的文明和文化之光。

③ 兴利除害期。兴利除害期可以细分为两个阶段,清末至民国,西方水利科技渐渐传入中国并对中国治水事业产生影响,人们开始兴建大规模工程以驯服自然,但因为内外环境艰难,水利事业总体发展非常缓慢。中华人民共和国成立直至20世纪70年代,随着新科技手段和方法的运用,对黄河多泥沙规律认识的加深以及治河方略的进步,加上政治环境的稳定,人民治黄热情空前高涨,治黄事业开展得轰轰烈烈。此时以人水相争为主要治水特征,人类试图改造自然,试图使山河完全听命于人类。然而,或许在最初确实取得了预期的结果,但随后却出现了出乎预料的负面影响和新的矛盾。

④ 利用和保护期。我们渐渐认识到矛盾的发展是无止境的,不应过分陶醉于科技和人的力量,治水事业是一项长期而艰巨的任务,不能完全消除,亦无法完全主宰。人类是自然界的一部分,应该主动协调自身与自然界的关系。随着人们认识的提高,我们认识到水等自然资源的有限性,治水事业进入了保护和

利用时期。在资源水利思想指导下的治水文化特征是在充分利用水资源的基础上保护、开发水资源。在生态文明思想指导下的治水文化特征是在保护思想下的水资源利用与开发,强调人、水、生态的和谐发展。

（3）经济、科技和制度是推动治水文化发展的重要推动力

经济发展程度是治水事业的发展基础,制约着治水活动的各项能力。以小农经济为基础的中国封建社会决定了它抗灾害、自救能力薄弱,经不起洪涝灾害的打击,因此必须由中央集权的政府来承担治水事业、处理灾害。只有当封建王朝处于上升期、经济实力较雄厚时,才有条件和能力积极应对洪涝灾害,并且此时对洪水的控制和干预能力也大为加强。随着王朝的衰落,经济实力下降,对治水事业的关注和投入也随之下降。经济能力制约着治水活动的各项能力,反过来,水利事业的发展不仅保障了民生,也维护和促进了经济和生产力的发展。

历史唯物主义告诉我们,我国水利事业及其技术的发展的阶段性和社会生产力发展的阶段性相一致。一个时期水利及其水利技术发展的总体水平,总是明显地受当时社会生产力的水平,特别是生产工具的制约。生产工具的深刻变革深受科学技术进步的巨大影响,科技为水利事业的发展提供了有力的支撑。春秋战国时期铁制工具的产生促进了大型灌溉渠道的诞生。火药和水泥的相继发明,更是把水利技术和水利工程推到了一个新的发展阶段。近现代水利科技的发展为水利工程建设提供了理论基础,科技的大发展为水利工程建设提供了材料和设备保证。过去因为受客观条件限制而不能兴建的较大规模与复杂水利工程随着水力学、结构力学、土力学等水利相关学科的创立和发展成为可能。

制度建设是治水事业发展的重要保障。各个历史时期的治水制度，反映了一定历史时期社会的文明程度，包括治水政治制度、行政制度、管理制度、法律制度等，以及实施这些制度的组织、机构和成员。它是一种协调社会关系、稳定治水秩序、规范治水行为的文化现象。规范、科学的制度可以保障治水事业良性发展，腐朽、散乱的治水制度则会带来贪污腐败和民不聊生。

治水文化研究应该包含治水的物质文化（治水工程、水利景观等）和精神文化（思想文化、心理文化、制度文化等）研究。本书主要研究治水文化变迁，着重点在治水哲学思想的变迁。在今后的研究中，还可以从治水的物质文化，例如治水工程、景观规划等方面，治水的制度文化，例如治水的各项和各个历史时期的政策法规的发展完善等方面来进行研究和阐述治水文化的特征。

黄河养育了多个民族，不同的民族具有不同的文化特征，治水活动也必然带有不同民族文化的印记，这也是研究治水文化的一个重要方面。

参考文献

白凤娜,2011. 近二十年来《水经注》研究综述[J]. 文教资料,560(36):
　　241-243.

班固,2000. 汉书[M]. 北京:中华书局.

班固,2002. 汉书[M]. 杭州:浙江古籍出版社.

包承纲,吴昌瑜,丁金华,1999. 中国堤防建设技术综述[J]. 人民长江,30
　　(10):15-16,50.

蔡应坤,2006. 西汉瓠子河决治理始末[J]. 安徽文学(10):78-81.

陈福军,苏晓鹭,2014. 都江堰治水中的易经应用及其无为管理内涵[J]. 大
　　连大学学报,35(4):8-12.

陈河平,伍松,2013. 南水北调工程和三峡水库对汉江武汉段水文影响分析
　　[J]. 新疆有色金属,36(1):42-45.

陈令建,2014. 贾汪区水生态文明建设的探索[J]. 江苏水利(1):39-40,43.

陈梦家,1956. 殷墟卜辞综述[M]. 北京:科学出版社.

陈桥驿,1994.《水经注》和它的文学价值[J]. 古典文学知识(3):3-8.

陈桥驿,1987. 郦道元与《水经注》[M]. 上海:上海人民出版社.

陈维达,彭绪鼎,2001. 黄河:过去、现在和未来[M]. 郑州:黄河水利出版社.

陈蕴真,2013. 黄河泛滥史及其成因:从历史文献分析到计算机模拟[D]. 南
　　京:南京大学.

陈智梁,2003. 都江堰水利系统的地球科学思想[J]. 第四纪研究,23(2):
　　211-217.

程遂营,2014.生态视域中夏至北宋都城择定与迁移研究[J].中原文化研究
　　(3):71-76.

程遂营,2002.唐宋开封的气候和自然灾害[J].中国历史地理论丛,17(01):
　　47-55,159.

程远,1980.田纳西的奇迹——区域经济规划实例[J].科技导报(01):
　　38-42,66.

陈寅恪,1987.陈寅恪魏晋南北朝史讲演录[M].万绳楠,整理.合肥:黄山
　　书社.

代锋刚,李铎,王飞,2008.生态水利的理论内涵及影响因素探讨[J].人民黄
　　河,30(8):12-13,20.

戴圣,2010.礼记[M].郑州:中州古籍出版社.

当代治河论坛编辑组,1990.当代治河论坛[M].北京:科学出版社.

邓锦荣,梁惠茜,1992.民国时期的广西水政[C]//中国近代水利史论文集.
　　南京:河海大学出版社.

邓书俊,石峰,1991.浅谈西安地区旱灾及其对策[J].陕西水利(5):6-9.

丁山,1961.中国古代宗教与神话考[M]//殷墟书契后编.上海:龙门联合
　　书局.

董龙凯,1998.1855～1874年黄河漫流与山东人口迁移[J].文史哲(3):
　　61-69.

董龙凯,1996.近代黄河三角洲的发展与移民[J].中国历史地理论丛,11
　　(1):39-61.

董龙凯,1998.清光绪年间黄河变迁与山东人口迁移[J].中国历史地理论丛
　　(1):49-68.

段鹏琦,1999.洛阳古代都城城址迁移现象试析[J].考古与文物(4):40-49.

段伟,2004.汉武帝财政决策与瓠子河决治理[J].首都师范大学学报(社会
　　科学版)(1):14-17.

段伟,2006.西汉黄河水患与防治制度的变迁[J].安徽大学学报(哲学社会
　　科学版),30(4):98-103.

范文澜,1978.中国通史:第1册[M].北京:人民出版社.

范晔,2007.后汉书[M].北京:中华书局.

范颖,潘林,陈诗越,2016.历史时期黄河下游洪泛与河道变迁[J].江苏师范大学学报(自然科学版),34(4):6-10.

方宗岱,1982.对东汉王景治河的几点看法[J].人民黄河(2):62-67.

费尔巴哈,1999.宗教的本质[M].北京:商务印书馆.

丰宗立,1998.简论改革家王安石的治水思想[J].江苏教育学院学报(社会科学版)(1):88-89.

丰宗立,1995.王安石治水风范录[J].水利天地(3):34-35.

弗雷泽,2006.金枝[M].北京:新世界出版社.

甘枝茂,桑广书,甘锐,等,2002.晚全新世渭河西安段河道变迁与土壤侵蚀[J].水土保持学报,1(2):129-132.

葛文玲,2007.明代治河类著述略说[J].图书与情报(2):107-110.

葛剑雄,1997.中国移居史(第1卷)[M].福州:福建人民出版社.

贡福海,程吉林,2008.中国先人治水的哲学思想及其启示[J].水利发展研究(5):65-68.

古斯塔夫·勒庞,1998.乌合之众:大众心理研究[M].北京:中央编译出版社.

顾伟康,1993.论中国民俗佛教[J].上海社会科学院学术季刊(3):73-83.

顾永杰,2011.三门峡工程的决策失误及苏联专家的影响[J].自然辩证法研究,27(5):122-126.

管仲,2015.管子[M].房玄龄,注;刘绩,补注.上海:上海古籍出版社.

郭书春,1997.《河防通议·算法门》初探[J].自然科学史研究,16(3):223-232.

郭涛,1983.明代黄河双重堤防的滞洪落淤作用[J].农业考古(2):59-64.

郭耀文,1998.浅析河流地貌在都江堰建设上的意义[J].河海大学学报(自然科学版),26(3):102-104.

郭豫庆,1989.黄河流域地理变迁的历史考察[J].中国社会科学(1):195-210.

郭志安,2009.北宋黄河治理弊病管窥[J].中州学刊(1):160-163.

郭志安,2008.论北宋时期黄河的军事战略地位[J].北方论丛(4):83-86.

国家文物局,1998.中国文物地图集:陕西分册[M].西安:西安地图出版社.

韩光辉,向楠,2012.《水经注》所记"鸿隙陂"研究[J].陕西师范大学学报(哲学社会科学版),41(6):84-90.

郝亮,张志华,2013.我国水资源优化配置能力和综合开发水平逐步提升——兼论《国家中长期科学和技术发展规划纲要(2006—2020)》的实施效果[J].科技促进发展(5):24-29.

何平立,2005.中国封建皇帝封禅略论[J].安徽史学(1):17-23.

洪兴祖,1983.楚辞补注[M].北京:中华书局.

胡其昌,2014.生态水利定量评价研究——以浙江省为例[J].中国农村水利水电(10):19-23

胡渭,2006.禹贡锥指[M].上海:上海古籍出版社.

华红安,2005.沈括与水利[J].水利天地(4):34-35.

黄河三门峡水利枢纽志编纂委员会,1993.黄河三门峡水利枢纽志[M].北京:中国大百科全书出版社.

黄河水利委员会,2004.民国黄河大事记[M].郑州:黄河水利出版社.

黄河水利委员会黄河志总编辑室,1994.黄河人文志[M].郑州:河南人民出版社.

黄河网.http://www.yellowriver.gov.cn/

黄淑阁,朱太顺,陈银太,2003.黄河传统堵口技术分析研究[J].人民黄河,25(3):24-25.

黄以柱,1983.豫东黄河平原环境的变迁与开封城市的发展[J].河南师大学报(自然科学版)(1):83-90.

黄芝岗,1988.中国的水神[M].上海:上海文艺出版社.

纪玉梅,傅之屏,2011.道教与都江堰水文化初探[J].地理教学(8):29-31.

焦海浩,2014.试论古代城市与河流的关系——以古都洛阳为例[J].洛阳理工学院学报(社会科学版),29(1):8-11.

金良年,2016.孟子译注[M].上海:上海古籍出版社.

靳辅,2014.靳文襄公奏疏[M].影印本.北京:国家图书馆出版社.

靳怀堟,2011.历代治水文献[J].南北桥(国学)(8):20.

卡尔·A.魏特夫,1989.东方专制主义:对于极权力量的比较研究[M].北京:中国社会科学出版社.

卡尔·马克思,1972.资本论[M]//中共中央马克思恩格斯列宁斯大林著作编译局.马克思恩格斯全集:第二十三卷.北京:人民出版社.

克利福德·格尔茨,1999.文化的解释[M].韩莉,译.南京:译林出版社.

孔颖达,1999.尚书[M].北京:中华书局.

乐黛云,1999.中国洪水神话大禹治水[J].神州学人(1):29-30.

乐史,2007.太平寰宇记[M].北京:中华书局.

李风华,2013.论清末水利开发的新思想[J].河南师范大学学报(哲学社会科学版),40(4):100-102.

李国英,2002.黄河的重大问题及其对策[J].中国水利(1):21-23,5.

李国英,2001.建设"数字黄河"工程[J].人民黄河,23(11):1-4,46.

李鸿杰,任德存,孙承恩,等,1992.黄河[M].北京:科学普及出版社.

李国英,2002.李仪祉治黄思想评述——纪念李仪祉先生诞辰120周年[J].人民黄河,24(3):1.

李国英,2005.维持河流健康生命——以黄河为例[J].人民黄河,27(11):1-5.

李国英,2002.黄河调水调沙[J].人民黄河,22(11):29-33,5.

李可可,黎沛虹,2004.都江堰——我国传统治水文化的璀璨明珠[J].中国水利(18):75-78,11.

李可可,2008.都江堰——分疏治水的成功典范[J].中国农村水利水电(3):79-80,84.

李留文,2005.河神黄大王:明清时期社会变迁与国家正祀的呼应[J].民俗研究(3):205-216.

李勤,2005.试论民国时期水利事业从传统到现代的转变[J].三峡大学学报

（人文社会科学版），27（5）：22-26.

李润田，圣彦，李志恒，2006.黄河影响下开封城市的历史演变［J］.地域研究
　　与开发，25（6）：1-7.

李润田，1988.黄河对开封城市历史发展的影响［J］.历史地理（6）：45-56.

李亚光，2003.大禹治水是中华文明史的曙光［J］.史学集刊（3）：84-88.

李砚忠，2015.政治学视角下的国家建构与灾害治理分析［J］.前沿（2）：
　　14-18.

李燕，黄春长，殷淑燕，等，2007.古代黄河中游的环境变化和灾害——对都
　　城迁移发展的影响［J］.自然灾害学报，16（6）：8-14.

李仪祉，1988.后汉王景理水之探讨［M］//李仪祉.李仪祉水利论著选集.北
　　京：水利电力出版社.

李仪祉，1988.纵论河患［M］//李仪祉.李仪祉水利论著选集.北京：水利电
　　力出版社.

李约瑟，1975.中国科学技术史：第一卷　第一分册［M］.北京：科学出版社.

李云峰，2001.水的哲学思想——中国古代自然哲学之精华［J］.汉江论坛
　　（3）：63-67.

李云峰，2001.中国古代治河思想——朴素唯物主义应用于实践的典范［J］.
　　武汉大学学报（人文科学版），54（1）：14-19.

李昭淑，徐象平，李继瓒，2000.西安水环境的历史变迁及治理对策［J］.中国
　　历史地理论丛（3）：39-53.

李廌，1985.济南先生师友谈记［M］.北京：中华书局.

李宗新，2009.再论水文化的深刻内涵［J］.水利发展研究（7）：71-73.

廖荣良，2013.发挥水利在生态文明建设中的支撑作用［J］.湖南水利水电
　　（2）：91-95.

刘安，2009.淮南子［M］.北京：中华书局.

刘传鹏，牟玉玮，包锡成，1981.论王景治河［J］.人民黄河（3）：57-59.

刘菊湘，1992.北宋河患与治河［J］.宁夏社会科学（6）：60-65，71.

刘盛佳，1990.《禹贡》——世界上最早的区域人文地理学著作［J］.地理学

报,45(4):421-429.

刘献廷,1957.广阳杂记[M].北京:中华书局.

刘晓枚,2002.中国 2002 年 1∶25 万一级流域分级数据集.地球系统科学数据共享平台—湖泊—流域科学数据共享平台.http://lake.daba.ac.cn.

刘向,1980.说苑[M].上海:上海古籍出版社.

刘歆,葛洪集,1991.西京杂记校注[M].上海:上海古籍出版社.

刘昫,等,2011.旧唐书[M].北京:现代教育出版社.

娄溥礼,1986.水利的历史作用与现代使命[J].中国水利(1):27-28.

芦佳洁,2009.环境对古代都城选择的影响——以汉、唐时期西安地区为例[J].丝绸之路(6):52-56.

罗琨,1979.卜辞中的"河"及其在祀典中的地位[M]//古文字研究.北京:中华书局.

罗平,2004.《水经注》中的白渠水即今溢阳河[J].文物春秋(1):52-53.

罗启惠,谈有余,2001.都江堰水利工程的历史演变和科学辩证法[J].四川教育学院学报,17(5):32-35.

罗潜,2011.关于中国古代水利文献的基础研究[D].沈阳:辽宁大学.

郦道元,2007.水经注校证[M].陈桥驿,校证.北京:中华书局.

马驰,2013.文化研究要重视关键概念研究——《文化理论:关键概念》中文版序言[J].黑龙江社会科学(3):114-117.

马克思,恩格斯,1972.马克思恩格斯全集:第二十三卷[M].中共中央马克思恩格斯列宁斯大林著作编译局,译.北京:人民出版社.

马克思,恩格斯,2006.马克思恩格斯全集:第九卷[M].中共中央马克思恩格斯列宁斯大林著作编译局,译.北京:人民出版社.

马克斯·韦伯,1995.儒家与道教[M].王荣芳,译.北京:商务印书馆.

马林诺夫斯基,1986.巫术 科学 宗教与神话[M].李安宅,译.北京:中国民间文艺出版社.

马正林,1999.中国城市的选址与河流[J].陕西师范大学学院(哲学社会科学版),28(4):83-87,172.

毛兴华,2016.2014年长江口咸潮入侵分析及对策[J].水文,36(2):73-77.

孟昭华,1999.中国灾荒史记[M].北京:中国社会出版社.

穆兴民,巴桑赤烈,Zhang Lu,等,2007.黄河河口镇至龙门区间来水来沙变化及其对水利水保措施的响应[J].泥沙研究(2):36-41.

钮春燕,龚高法,1991.近两千年来我国黄土高原湿润状况的变迁[J].山西大学师范学院学报(综合版)(1):85-87.

潘季驯,2009.河防一览[M].影印本.北京:国家图书馆出版社.

潘杰,2005."以水为师"——萌生中国水文化的哲学启蒙(上)[J].江苏水利(7):46-48.

仇立慧,黄春长,周忠学,2007.古代西安地下水污染及其对城市发展的影响[J].西北大学学报(自然科学版),37(2):326-329.

屈卡乐,2013.《水经·渭水注》所载长蛇水考释[J].中国历史地理论丛(4):123-129.

《陕西历史自然灾害简要纪实》编委会,2002.陕西历史自然灾害简要纪实[M].北京:气象出版社.

沈坩卿,1999.论生态经济型环境水利模式——走水利绿色道路[J].水科学进展,10(3):260-264.

尸佼,2009.尸子[M].上海:华东师范大学出版社.

石涛,2006.黄河水患与北宋对外军事[J].晋阳学刊(2):79-82.

史念海,1979.论《禹贡》的著作年代[J].陕西师范大学学报(哲学社会科学版)(3):42-55.

史念海,1986.中国古都学刍议[J].浙江学刊(Z1):189-203.

水利部黄河水利委员会《黄河水利史述要》编写组,1982.黄河水利史述要[M].北京:水利出版社.

司马光,1990.资治通鉴[M].长沙:岳麓书社.

司马迁,1973.史记[M].北京:中华书局.

宋濂,2014.元史[M].影印本.北京:国家图书馆出版社.

宋正海,1992.中国古代重大自然灾害和异常年表总集[M].广东:广东教育出版社.

孙盛楠,田国行,2014.从北宋东京人工水系看"天人合一"[J].河北工程大
　　学学报(自然科学版),31(1):36-39.

孙星衍,1986.尚书今古文注疏[M].北京:中华书局.

孙展杰,孙倩,2016.水资源管理"三条红线"控制策略研究[J].资源节约与
　　环保(2):154.

孙宗凤,聂建平,2003.生态水利的哲学思考及其研究框架[J].水利发展研
　　究,12(4):15-18.

谭其骧,1982.中国历史地图集[M].北京:中国地图出版社.

谭徐明,1998.减灾行为社会化是防洪减灾战略转移的必然方向——美国防
　　洪减灾战略的转移和演进[J].自然灾害学报(3):39-44.

谭徐明,邓俊,2014.略论水利的国家职能[J].中国水利(20):64,41.

汤夺先,张莉曼,2011."大禹治水"文化内涵的人类学解析[J].中南民族大
　　学学报(人文社会科学版),31(3):10-13.

唐晓峰,2012.文化地理学释义——大学讲课录[M].北京:学苑出版社.

涂海州,1986.历代治河方略与河流中的三对矛盾[J].人民黄河(3):58-61.

涂师平,2015.我国古代镇水神物的分类和文化解读[J].浙江水利水电学院
　　学报,27(3):1-6.

脱脱,等,2000.宋史[M].北京:中华书局.

万恭,1985.治水荃蹄[M].北京:水利电力出版社.

汪岗,范昭,2002.黄河水沙变化研究　第1卷[M].郑州:黄河水利出版社.

汪恕诚,2003.以水资源的可持续利用　促进经济社会的可持续发展——在
　　第三届世界水论坛部长级会议上的演讲[J].中国水利(6):6-8.

汪恕诚,2002.资源水利的本质特征、理论基础和体制保障——在中国水利
　　杂志专家委员会会议暨水资源管理与可持续发展高层研讨会上的讲话
　　[J].中国水利(11):6-8.

汪晓云,2005.从鬼到神:神的发生学研究[J].民族艺术(3):31-38.

王頔,2016."南水北调"的工程学意义[J].河南水利与南水北调(8):27-

28,49.

王东,2005.《水经注》词语拾零[J].古汉语研究(2):63-64.

王规凯,1984.对中国水利史科学体系的初步设想[J].人民黄河(4):58-60.

王浩,2005.中国水资源与可持续发展[M].北京:科学出版社.

王红,2002.北宋三次回河东流失败的社会原因探讨[J].河南师范大学学报
　　(哲学社会科学版),29(2):90-92.

王化昆,2003.唐代洛阳的水害[J].河南科技大学学报(社会科学版),21
　　(3):26-31.

王化云,1989.我的治河实践[M].郑州:河南科学技术出版社.

王建华,2011.黄河中下游地区史前人口研究[M].北京:科学出版社.

王娟娟,2012.中国古代的黄河河神崇拜[D].济南:山东师范大学历史与社
　　会发展学院.

王军,李捍无,2002.面对古都与自然的失衡——论生态环境与长安、洛阳的
　　衰落[J].城市规划汇刊(3):66-68,80.

王俊荆,叶玮,朱丽东,等,2008.气候变迁与中国战争史之间的关系综述
　　[J].浙江师范大学学报(自然科学版),31(1):91-96.

王腊春,史运良,王栋,等,2007.中国水问题[M].南京:东南大学出版社.

王琳,2012.毛泽东水利思想及其重要启迪[J].中共山西省委党校学报,35
　　(4):12-17.

王思治,1987.清史论稿[M].成都:巴蜀书社.

王伟,2014.洛阳与隋唐大运河[J].中原文物(5):60-68.

王伟,2003.资源水利——与时俱进的当代中国治水新理论[J].水利经济,
　　21(2):1-4,9.

王渭泾,2009.历览长河——黄河治理及其方略演变[M].郑州:黄河水利出
　　版社.

王文才,1974.东汉李冰石像与都江堰"水则"[J].文物(7):29-32.

王文涛,2010.东汉洛阳灾害记载的社会史考察[J].中国史研究(1):51-70.

王晓沛,2009.水文化与可持续发展水利[C]//首届中国水文化论坛优秀论

文集.北京:中国水利水电出版社:104-106.

王星光,张新斌,1999.黄河与中国科技文明[J].郑州大学学报:哲学社会科学版(1):91-96.

王涌泉,徐福龄,1979.王景治河辩[J].人民黄河(2):73-77.

王玉德,张全明,1999.中华五千年生态文化[M].武汉:华中师范大学出版社.

王元林,任慧子,2008.黄河之祀与河祠的变迁[J].历史教学(高校版)(4):20-23.

王元林,2010.变害为利,泽惠社会——《水经注》记载的治水与水利社会图卷[J].华北水利水电学院学报(社科版),26(1):15-17.

王元林,2005.泾洛流域自然环境变迁研究[M].北京:中华书局.

王长命,2013.文献校释与盐湖地理现象复原——《水经·涑水注》安邑盐池"(潭)[浑]而不流"个案考察[J].中国历史地理论丛(2):156-160.

魏源,1983.魏源集[M].北京:中华书局.

魏梦佳,2014.南水北调后北京人均水资源将增加50多立方米[EB/OL].2014,http://www.gov.cn/xinwen/2014-10/12/content_2763476.htm.

魏征,1997.隋书[M].北京:中华书局.

乌丙安,1996.中国民间信仰[M].上海:上海人民出版社.

吴兢,1991.论政体[M]//贞观政要:卷一.湖南:岳麓书社.

吴君勉,1942.古今治河图说[M].[出版地不详]:水利委员会印行.

吴朋飞,2013.开封城市生命周期探析[J].汉江论坛(1):121-128.

吴全兰,2012.阴阳学说的哲学意蕴[J].西南民族大学学报(人文社会科学版)(1):55-59.

吴书悦,杨阳,黄显峰,2014.水资源管理"三条红线"控制指标体系研究[J].水资源保护,30(5):81-85,90.

吴以鳌,1990.中国江河流域多目标开发问题[J].河海大学科技情报,10(3):1-5.

夏从亚,伊强,2010.致用与会通——薛凤祚水利思想蠡测[J].山东科技大学学报(社会科学版),12(1):17-24.

肖黎,1987.孝文帝评传[M].太原:山西人民出版社.

萧统,1936.文选[M].香港:商务印刷书馆香港公馆.

谢疆,2013.中国传统治水思想中的天人观念[J].内蒙古水利(4):162-163.

徐福龄,胡一三,1984.黄河埽工简介[J].人民黄河(4):41-44.

徐海亮,1993.历史上黄河水沙变化与下游河道变迁[C]//黄河流域环境演
    变与水沙运行规律研究文集:第4集.北京:地质出版社.

徐旭生,1985.中国古史的传说时代[M].北京:文物出版社.

徐中舒,2006.甲骨文字典[M].成都:四川出版集团,四川辞书出版社.

徐中原,2011.品读、创作与批评:后世文学对《水经注》的接受[J].山西师大
    学报(社会科学版),38(4):51-54.

许继军,2013.水生态文明建设的几个问题探讨[J].中国水利(6):15-16.

荀况,2010.荀子[M].上海:上海古籍出版社.

闫明恕,2003.论西汉时期对黄河的治理[J].贵州师范大学学报(社会科学
    版)(4):51-54.

严军,王艳华,王俊,等,2009.黄河下游水沙条件对河道冲淤的影响[J].人
    民黄河,31(3):17-18,120.

晏子,1993.晏子春秋全译[M].李万寿,译注.贵州:贵州人民出版社.

姚汉源,1984.河工史上的固堤放淤[J].水利学报(12):30-46.

姚汉源,1987.中国水利史纲要[M].北京:水利电力出版社.

姚文艺,焦鹏,2016.黄河水沙变化及研究展望[J].中国水土保持(9):56-
    63,93.

姚文艺,冉大川,陈江南,2013.黄河流域近期水沙变化及其趋势预测[J].水
    科学进展,24(5):607-616.

姚文艺,徐建华,冉大川,等,2011.黄河流域水沙变化情势分析与评价[M].
    郑州:黄河水利出版社.

姚文艺,高亚军,安催花,等,2015.百年尺度黄河上中游水沙变化趋势分析
    [J].水利水电科技进展,35(5):112-120.

殷淑燕,黄春长,仇立慧,等,2007.历史时期关中平原水旱灾害与城市发展[J].干旱区研究,24(1):77-82.

殷淑燕,黄春长,2008.两汉时期长安与洛阳都城水旱灾害对比研究[J].自然灾害学报,17(4):66-71.

殷淑燕,黄春长,2006.论关中盆地古代城市选址与渭河水文和河道变迁的关系[J].陕西师范大学学报(哲学社会科学版),35(1):58-65.

银建庆,2012.浅谈我国发展生态水利的重要性[J].甘肃农业(11):84-85.

尹北直,王思明,2009.李仪祉对中国传统堤防理论的继承和发展[J].中国农学通报,25(5):294-299.

永瑢,纪昀,1965.四库全书总目提要[M].北京:中华书局.

于瑞宏,刘廷玺,刘国纬,2011.黄河:人水关系演变与调控[M].北京:中国水利水电出版社.

于省吾,1996.甲骨文字诂林[M].北京:中华书局.

约·阿·克雷维列夫,1984.宗教史[M].王先睿,冯加方,李文厚,等译.北京:中国社会科学出版社.

岳军,2010.公共产品政府供给制度的变迁与发展——兼论中国历史上的政府"治水"[J].首都经济贸易大学学报(4):99-112.

岳三利,简冠华,吕延昌,2014.中小河流治理与水生态文明建设的重要意义[C]//中国水利学会2014学术年会论文集(下册):384-386.

詹鄞鑫,1992.神灵与祭祀[M].南京:江苏古籍出版社.

张霭生,1992.河防述言[M]//贺长龄,魏源,等.清经世文编.北京:中华书局.

张本昀,孙冬艳,2005.历代黄河治理思想及其演变研究[J].济源职业技术学院学报,4(1):4-6.

张凤昭,1951.埽说[J].新黄河(9):27-35.

张浩,1994.思维发生学:从动物到人的思维[M].北京:中国社会科学出版社.

张骅,2001.古代典籍与古代水利[J].海河水利(6):38-41.

张家诚,1996.中国古代治水的科学思想[J].水科学进展,7(2):158-162.

张建云,王小军,2014.关于水生态文明建设的认识和思考[J].中国水利(7):1-4.

张君房,1996.云笈七签[M]//老子中经.北京:华夏出版社.

张妙弟,2002.开封城与黄河[J].北京联合大学学报,16(1):133-138.

张鹏飞,2013.《水经注》徵引石刻文献刍议[J].中国文化研究(2):124-133.

张全明,2007.论北宋开封地区的气候变迁及其特点[J].史学月刊(1):98-108.

张胜利,1994.略论黄河中游水沙变化及水土保持减沙效益[J].水土保持通报,14(3):8-11,19.

张廷玉,等,2000.明史[M].北京:中华书局.

张晓红,2007.两汉时期的哲学思潮与治黄思想[J].江汉论坛(7):73-74.

张晓红,2000.远古治水中的朴素唯物主义和朴素辩证法思想[J].武汉交通科技大学学报(社会科学版),13(1):6-8.

张岩,1999.论包世臣河工思想的近代性[J].晋阳学刊(3):87-92.

张永勇,李宗礼,刘晓洁,2016.近千年淮河流域河湖水系连通演变特征[J].南水北调与水利科技,14(4):77-83.

张宇明,1988.北宋人的治河方略[J].人民黄河(2):65-68.

张岳,2009.新中国水利回顾与展望——水利辉煌60年[J].水利经济,27(6):1-6,67.

章典,詹志勇,林初升,等,2004.气候变化与中国的战争、社会动乱和朝代变迁[J].科学通报,49(23):2468-2474.

昭梿,1980.郭刘二疏[M]//啸亭杂录:第3卷.北京:中华书局.

赵诚,1987.甲骨文行为动词探索(一)[J].殷都学刊(3):7-17.

赵诚,2000.甲骨文与商代文化[M]//胡厚宣.甲骨文合集.沈阳:辽宁出版社.

赵春明,周魁一,2005.中国治水方略的回顾与前瞻[M].北京:中国水利水电出版社.

赵鼎新,2009.中国大一统的历史根源[J].文化纵横(6):49.

赵广举,穆兴民,田鹏,等,2012.近60年黄河中游水沙变化趋势及其影响因素分析[J].资源科学,34(6):1070-1078.

赵敏,2005.论中国治水自然观[J].湘潭大学学报(哲学社会科学版),29(5):107-109.

赵敏,2004.试论都江堰的哲学内涵与文化底蕴[J].河海大学学报:哲学社会科学版,6(3):62-64.

郑继娥,2004.殷墟甲骨卜辞祭祀动词的语法结构及其语义结构[D].成都:四川大学历史文化学院.

中国第一历史档案馆整理,1984.康熙起居注:第3册[M].北京:中华书局.

中共中央马克思恩格斯列宁斯大林著作编译局,2006.马克思恩格斯全集第九卷.不列颠在印度的统治[M].北京:人民出版社.

中国社会科学院历史研究所资料编纂组,1988.中国历代自然灾害及历代盛世农业政策资料[M].北京:农业出版社.

中国水利水电科学研究院水利史研究室,2004.再续行水金鉴[M].武汉:湖北人民出版社.

中国水利史典编委会,2013.中国水利史典:综合卷二[M].北京:中国水利水电出版社.

中华书局编辑部,1983.魏源集[M].北京:中华书局.

中华书局,1986.清实录[M].北京:中华书局.

周宝珠,1992.宋代东京研究[M].开封:河南大学出版社.

周魁一,谭徐明,2000.防洪思想的历史研究与借鉴[J].中国水利(9):39-41.

周晓红,赵景波,2008.关中地区1500年来洪水灾害与气候变化分析[J].干旱区农业研究,26(2):246-250.

周晓红,赵景波,2006.历史时期关中地区气候变化与灾害关系的分析[J].干旱区资源与环境,20(3):75-78.

朱更翎,1981.水利史研究溯源[J].中国水利(3):48-50.

朱更翎,1986.中国古代水利名著[J].中国水利(1):42.

朱士光,2009.论《水经注》对(溱)水之误注兼论《水经注》研究的几个问题[J].史学集刊(1):17-23.

朱士光,肖爱玲,2005.古都西安的发展变迁及其与历史文化嬗变之关系[J].陕西师范大学学报(哲学社会科学版)(4):83-89.

宗力,刘群,1987.中国民间诸神[M].石家庄:河北人民出版社.

邹礼洪,2005.都江堰是"以水治水"的成功范例[J].西华大学学报(哲学社会科学版),24(6):31-33.

邹平,2016.关于水生态文明建设的若干思考与理解[C]//加强城市水系综合治理共同维护河湖生态健康——2016第四届中国水生态大会论文集.

邹逸麟,马驰,2006.历史地理学者视野中的南水北调——邹逸麟教授访谈录[J].群言(11):28-35.

邹逸麟,2005.我国水资源变迁的历史回顾——以黄河流域为例[J].复旦学报(社会科学版)(3):47-56.

左其亭,2013.水生态文明建设几个关键问题探讨[J].中国水利(4):1-3,6.

左其亭,2016.最严格水资源管理保障体系的构建及研究展望[J].华北水利水电大学学报(自然科学版),37(4):7-11.

左丘明,2015.国语[M].上海:上海古籍出版社.

左丘明,2015.左传[M].上海:上海古籍出版社.

《中国水利史稿》编写组,1989.中国水利史稿:下册[M].北京:水利电力出版社.

AHMAD S, SIMONOVIC S P, 2006. An intelligent decision support system for management of floods[J]. Water Resources Management, 20(3): 391-410.

CARTER T R, JONES R N, LU X, et al, 2007. In Climate Change[M]. Impacts, Adaptation and Vulnerability (eds parry, M. L.) Cambridge: Cambridge Univ. Press.

CRUZ A M, 2005. Engineering contribution to the field of emergency management[M]. Disciplines, Disasters and Emergency Management: The Convergence of Concepts Issues and Trends From the Research Literature.

Department for Environment, Flood and Rural Affairs (Defra), 2002. Directing the flow: priorities for future water policy[M]. London: Defra Publications.

FLEMING G, FROST L, HUNTINGTONG S, et al, 2001. Learning to live with rivers. final report of the institution of civil engineers' presidential commission to review the technical aspects of flood risk management in England and Wales[R]. London: Institution of Civil Engineers.

GE Q S, ZHENG J Y, HAO Z X, et al, 2010. Temperature variation through 2000 years in China: an uncertainty analysis of reconstruction and regional difference[J]. Geophysical Research Letters, 37 (3): 93-101.

GILVEAR D, MAITLAND P, PETERKIN G, et al, 1995. Wild Rivers[R]. Scotland: Report to WWF.

GODSCHALK D R, BEATLEY T, BERKE P, et al, 1999. Natural hazard mitigation: recasting disaster policy and planning[M]. Washington, D. C. : Island Press.

HAASNOOT M, MIDDELKOOP H, 2012. A history of futures: a review of scenario use in water policy studies in the Netherlands[J]. Environmental Science & Policy(19-20): 108-120.

HOYT W G, LANGBEIN W B, 1955. Floods[M]. Princeton: Princeton University Press.

Office of Science and Technology (OST), 2004. Foresight. Future Flooding. Executive Summary[R]. London: Office of Science and Technology.

PIATT R H, 1982. The Jackson Flood of 1979 a public policy disaster[J].

Journal of the American Planning Association, 48(2): 219-231.

PILGRIM D H, 1999. Flood mitigation. Some engineering perspectives[C]. Australia: National Conference Publication-Institution of Engineers.

SIMONOVIC S P, AHMAD S, 2005. Computer-based model for flood evacuation emergency planning[J]. Nautural Hazards, 34(1): 25-51.

WANG H J, SAITO Y, ZHANG Y, et al, 2011. Recent changes of sediment flux to the western Pacific Ocean from major rivers in East and Southeast Asia[J]. Earth-Science Reviews, 108(1-2):80-100.

WANG S, FU B J, PIAO S, et al, 2013. Reduced sediment transport in the Yellow River due to anthropogenic changes[J]. Nature Geoscience, 9 (1): 38-41.

WARD J V, TOCKNER K, UEHLINGER U, et al, 2001. Understanding natural patterns and processes in river corridors as the basis for effective restoration[J]. Regulated Rivers: Research and Management, 17(4/5): 311-323.

WHARTON G, GILVEAR D J, 2007. River restoration in the UK: Meeting the dual needs of the European Union water framework directive and flood defense? [J]. International Journal of River Basin Management, 5 (2): 143-154.

YAO W Y, XU J X, 2013. Impact of human activity and climate change on suspended sediment load: the upper Yellow River, China[J]. Environmental Earth Sciences, 70 (3): 1389-1403.

附录

西安旱灾统计表

年　代	描　　　述
公元前 193 年	—
公元前 190 年	大旱,江河水少,溪谷绝
公元前 177 年	天下旱
公元前 171 年	大旱
公元前 158 年	春,天下大旱。夏四月,大旱、蝗
公元前 147 年	夏,旱,禁酤酒。秋,大旱
公元前 142 年	大旱
公元前 137 年	旱
公元前 129 年	大旱
公元前 124 年	大旱
公元前 120 年	大旱
公元前 109 年	旱
公元前 107 年	大旱,民多渴死
公元前 105 年	大旱
公元前 100 年	大旱
公元前 98 年	大旱
公元前 95 年	旱
公元前 92 年	大旱

年　代	描　述
公元前 81 年	旱
公元前 76 年	大旱
公元前 71 年	大旱,东西数千里
公元前 61 年	大旱
公元前 46 年	旱
公元前 31 年	大旱
公元前 28 年	—
公元前 18 年	大旱
公元前 14 前	大旱
公元前 13 年	大旱
公元前 4 年	—
公元前 3 年	大旱
公元 2 年	郡国大旱
公元 23 年	—
公元 25 年	—
公元 29 年	夏四月,关中旱
公元 89 年	三辅、并、凉少雨,麦根枯焦,牛死日甚
公元 110 年	—
公元 111 年	—
公元 134 年	三辅大旱,五谷灾伤
公元 176 年	—
公元 194 年	自四月至于是月,三辅大旱
公元 271 年	雍州五月旱、饥
公元 291 年	七月,雍州大旱,关中旱饥
公元 295 年	七月,秦雍二州旱疫
公元 296 年	关中旱、饥、大疫
公元 297 年	七月,雍、凉州疫、大旱
公元 309 年	五月,关中大旱

年　代	描　述
公元 317 年	秋七月,关中大旱
公元 324 年	自正月至四月,关中大旱
公元 325 年	四月,雍州大旱
公元 379 年	夏,陕西大旱
公元 415 年	秦中大旱,赤地千里,昆明池水竭
公元 461 年	六月,陕西大旱
公元 493 年	夏,陕西大旱
公元 536 年	关中大旱,饥,人相食
公元 537 年	四月,雍南、秦、陕州霜旱,人饥流散
公元 562 年	二月,以久不雨,京城三十里内禁酒。夏四月,禁屠宰,旱故也
公元 582 年	五月,陕西旱
公元 583 年	四月,陕西旱
公元 584 年	京师频旱
公元 586 年	七月,关中旱
公元 594 年	五月,关内诸州旱。七月,关中大旱,人饥,上率户口就食于洛阳
公元 612 年	天下旱,百姓流亡
公元 617 年	天下大旱
公元 620 年	陕西夏旱
公元 624 年	秋,关内旱
公元 628 年	六月,京畿旱
公元 650 年	自夏不雨至七月,京畿等州旱
公元 668 年	京师及山东、江淮大旱
公元 670 年	七月至八月,天下四十余州旱及霜虫,百姓饥乏,关中尤甚
公元 672 年	关中旱、饥
公元 680 年	关中旱、大饥
公元 682 年	春,关内旱。五月,旱,京畿旱、蝗

年　代	描　述
公元 687 年	四月旱,全国大饥,山东、关内尤甚
公元 700 年	夏,关内旱
公元 702 年	春至六月不雨,关内大旱
公元 706 年	冬不雨至五月,京师旱、饥
公元 707 年	关中旱
公元 709 年	六月、十月,关中旱
公元 713 年	二月,关中自去秋至十月不雨,人多饥乏
公元 714 年	去秋至今年四月,关中不雨,人多饥乏
公元 731 年	五月,京师旱
公元 750 年	三月,关内旱
公元 753 年	关中水旱相继,大饥
公元 754 年	关中水旱相继,大饥
公元 762 年	关中旱蝗疾疫,死者相枕于路,人相食
公元 765 年	春大旱,京师米贵
公元 766 年	自三月不雨至六月,关内大旱
公元 773 年	关中大旱
公元 774 年	六月,关中旱
公元 782 年	五月至七月,陕西不雨
公元 785 年	春旱,无麦苗。八月,旱甚,灞、浐将竭,井皆无水
公元 790 年	春,京畿等旱
	春,关辅大旱
公元 797 年	四月关中旱
公元 803 年	正月至七月不雨。秋,关辅饥
公元 804 年	旱,关辅饥
公元 811 年	畿内秋稼旱损,农收不登
公元 814 年	京畿旱
公元 826 年	六月,京畿旱
公元 827 年	夏,京畿、河中、同州旱

年　代	描　述
公元 829 年	八月,京畿旱
公元 832 年	河东、河南、关辅旱
公元 833 年	秋,大旱
公元 835 年	秋,京兆、河南、河东、华、同等州旱
公元 837 年	京畿旱
公元 838 年	畿内去冬少雪,宿麦未滋
公元 858 年	自上年十月至今年二月,关中不雨
公元 900 年	冬,京师旱
公元 936 年	七月,京畿旱
公元 945 年	六月,两京及州郡十五旱
公元 962 年	陕西旱
公元 974 年	十一月,秦、晋旱
公元 975 年	关中旱甚,饥
公元 990 年	正月至四月,京兆府等旱。八月,京兆、长安县旱。十二月,长安旱
公元 992 年	陕西旱
公元 1006 年	夏,陕西旱、饥
公元 1009 年	春、夏,陕西路旱
公元 1010 年	陕西旱、饥
公元 1015 年	五月,陕西州府旱、饥
公元 1017 年	夏,陕西旱
公元 1018 年	陕西旱
公元 1025 年	八月,陕西州军旱灾
公元 1027 年	十一月,京兆府旱、蝗
公元 1043 年	冬,大旱,陕西大饥
公元 1067 年	十一月,陕西旱
公元 1070 年	陕西旱、饥
公元 1074 年	陕西路久旱,九月又旱

年　代	描　　述
公元 1075 年	陕西旱
公元 1076 年	八月,陕西旱
公元 1077 年	春,宋诸路旱
公元 1079 年	春,陕西旱
公元 1088 年	秋,诸路旱,陕西尤甚
公元 1142 年	十二月,不雨,五谷焦枯,泾、渭、灞、浐皆竭,时秦民以饥离散,城邑遂空
公元 1143 年	三月,陕西旱、饥
公元 1171 年	冬,陕西旱
公元 1172 年	春,陕西旱
公元 1176 年	五月,陕西旱
公元 1179 年	秋,金中都、西京、陕西等以水旱伤民田十三万七千七百余顷
公元 1211 年	陕西旱灾
公元 1212 年	七月,陕西旱
公元 1213 年	大旱。京兆斗米至八千钱。五月,陕西大旱。七月,陕西诸路旱
公元 1216 年	七月,陕西旱
公元 1218 年	六月,秦、陕旱
公元 1225 年	六月,陕西旱甚
公元 1226 年	三月,陕西旱
公元 1266 年	冬十月、十二月,京兆旱
公元 1295 年	六月,陕西饥、旱
公元 1302 年	正月,陕西旱
公元 1306 年	安西春夏大旱,二麦枯死
公元 1307 年	七月,安西等郡旱
公元 1311 年	六月,陕西水旱伤稼
公元 1322 年	春三月,陕西旱,民饥
公元 1323 年	三月,关中旱

年　代	描　　　述
公元 1328 年	八月,陕西大旱,人相食
公元 1329 年	四月,陕西久旱。秋七月,关中大旱,人相食
公元 1336 年	三月,陕西暴风,旱,麦无收。六月,旱。十一月,旱

西安水灾统计表

年　代	描　　　述
公元前 308 年	渭水赤者三日
公元前 293 年	渭水又大赤三日
公元前 281 年	渭水赤三日
公元前 273 年	渭水赤三日
公元前 179 年	文帝初多雨,积霖至百日而止(今长安一带)
公元前 161 年	—
公元前 145 年	六月,赦天下,天下大潦
公元前 86 年	秋七月大雨,渭桥绝
公元前 76 年	夏大水
公元前 48 年	—
公元前 30 年	秋,关内大水
公元 106 年	九月,六州大水。袁山松书曰"六州河、济、渭、雒、洧——水盛长(涨),泛滥伤秋稼"
公元 460 年	八月,雍州大水
公元 482 年	七月,雍州大水
公元 484 年	四月,雍州暴雨、蝗
公元 624 年	八月,关中霖潦,饟道绝
公元 654 年	夏四月,夜大雨,山水涨溢,冲玄武门,死者三千余人
公元 682 年	关中六月雨,麦涝损
公元 699 年	西安,六月京师大雨,黄河溢
公元 709 年	七月雨,沣水溢,害稼。冬,关中饥

年　代	描　述
公元 761 年	京师自七月霖雨,京城官寺庐舍多坏,街市沟渠漉得小鱼
公元 763 年	九月,关中大雨,平地水深数尺
公元 776 年	七月澎雨,京师平地水尺余,沟渠涨溢,坏民舍千余家
公元 786 年	六月,大风雨,京师通水深数尺,有溺死者
公元 788 年	八月,灞水暴涨,溺杀渡者百余人
公元 805 年	十一月,京兆府长安等九县,山水泛滥,害田苗
公元 813 年	六月,渭水暴涨,毁三渭桥,南北绝济者一月,时所在霖雨,百源皆发,川渎不由故道
公元 816 年	五月,京畿大雨水,昭应尤甚。六月京畿水害稼。八月,渭水溢,毁中桥
公元 817 年	六月,京师大雨,市中水深三尺,坏坊民二千家
公元 830 年	夏,富坊水漂三百余家,山南东道,京畿大水皆害稼
公元 937 年	八月,华州渭河泛滥,害稼
公元 982 年	三月,京兆府渭水涨,坏浮梁,溺死五十四人。七月,关、陕诸州大水
公元 1099 年	六月久雨,陕西京西大水河溢,漂人民,坏庐舍
公元 1171 年	金中都、西京、陕西等皆有水、旱
公元 1180 年	秋,金中都、西京、陕西等以水旱伤民田十三万七千七百余顷
公元 1312 年	九月,沣水溢
公元 1324 年	陕西渭水、黑水皆溢,并漂民庐舍。九月,奉元路长安县大雨,沣水溢
公元 1333 年	六月,泾水溢,关中水灾
公元 1336 年	六月,泾水溢

洛阳旱灾统计表

年　代	描　述
公元前 158 年	—
公元前 17 年	—

年　代	描　述
公元 19 年	—
公元 23 年	—
公元 27 年	七月,雒阳大旱
公元 47 年	京师、郡国十八大蝗,旱,草木尽
公元 71 年	洛阳旱
公元 75 年	四月,京师及兖州自春以来,时雨不降,宿麦伤旱
公元 76 年	夏,大旱;洛阳旱
公元 88 年	五月,京师旱
公元 94 年	七月,京师旱
公元 100 年	三月,京师春旱
公元 103 年	—
公元 108 年	五月,京师旱
公元 113 年	五月,旱;京师大雩
公元 114 年	四月,京师及郡国五旱
公元 115 年	五月,京师旱
公元 116 年	四月,京师旱
公元 118 年	三月,京师及郡国五旱
公元 119 年	五月,京师旱
公元 130 年	四月,京师旱
公元 132 年	二月,京师旱
公元 134 年	—
公元 135 年	—
公元 146 年	二月,京师、乐安、北海旱
公元 151 年	四月,京师旱
公元 161 年	七月,京师雩
公元 162 年	京师旱
公元 176 年	—
公元 220 年	十二月,旱

年　代	描　述
公元 240 年	自去冬十二月至二月不雨
公元 288 年	夏,京兆、安定旱
公元 309 年	五月,大旱,江、汉、河、洛皆可涉
	五月,江、汉、河、洛旱皆可涉
公元 612 年	天下旱,百姓流亡
公元 617 年	天下大旱
公元 677 年	夏,河南、河北旱
公元 680 年	冬,洛阳旱饥
公元 683 年	夏,河南、河北旱
公元 689 年	二月,山东、河南旱
公元 707 年	春,河南、河北大旱
公元 727 年	秋,全国八十五州遭旱及霜,五十州遭大水,河南、河北尤甚
公元 728 年	东都、河南、宋、亳等州旱
公元 790 年	春,京畿、关辅、河南大旱
公元 832 年	河东、河南、关辅旱
	剑南、河东、河南、关辅大旱,饥
公元 835 年	秋,京兆、河南、河东、华、同等州旱
公元 837 年	夏,河南、河北、京师大旱
公元 861 年	夏,淮南、河南旱、蝗,民饥
公元 934 年	六月,自去秋不雨,冬无雪,至是旱,京师酷热,渴死者数百人
公元 935 年	四月,京畿旱
公元 936 年	三月,旱。京畿自夏不雨,旱
公元 945 年	六月,两京及州郡十五旱
公元 964 年	宋河南府等旱
公元 974 年	河南府、晋解州夏旱
公元 992 年	宋河南府、京东西、河北等三十六州旱

年　代	描　述
公元 1009 年	五月,宋河南府及陕西路等旱
公元 1070 年	诸路旱
公元 1077 年	春,诸路旱
公元 1088 年	秋,宋诸路旱,京西,陕西尤甚

洛阳水灾统计表

年　代	描　述
公元前 184 年	—
公元前 145 年	—
公元前 115 年	—
公元前 48 年	—
公元前 23 年	—
公元前 17 年	—
公元 31 年	六月,雒水盛,溢至津城门。民溺,伤稼,坏庐舍
公元 32 年	—
公元 34 年	雒水出造津
公元 41 年	洛阳暴雨,坏民庐舍,压杀人,伤害禾稼
公元 60 年	京师及郡国七大水;伊、洛水溢,郡七县三十二皆大水
公元 93 年	—
公元 98 年	五月,京师大水
公元 106 年	九月,洛水盛长,泛滥伤秋稼
公元 107 年	九月,京师淫雨
公元 108 年	六月,京师及郡国四十一雨水
公元 109 年	京师及郡国四十一雨水
公元 117 年	七月,京师及郡国十雨水,淫雨伤稼
公元 120 年	三月至十月,京师及郡国三十三雨水,淫雨伤稼
公元 121 年	秋,京师及郡国二十九雨水,淫雨伤稼

年　代	描　述
公元 122 年	京师及郡国二十七雨水,淫雨伤稼
公元 124 年	京师及郡国三十六雨水,大水流杀人民,伤苗稼
公元 129 年	—
公元 136 年	夏,洛阳暴水
公元 148 年	七月,京师大水
公元 149 年	八月,京师大水
公元 155 年	六月,洛水溢,漂流人物,坏鸿德苑,南阳大水
公元 159 年	夏开始,京师雨水,其他地区霖雨五十余日
公元 162 年	京师水
公元 168 年	六月京师雨水,其他地区霖雨六十余日
公元 172 年	六月京师雨水,其他地区霖雨七十余日
公元 174 年	秋,洛水溢
公元 213 年	—
公元 223 年	六月,大雨,伊、洛溢流,杀人民,坏庐舍
公元 230 年	九月,伊、洛、河、汉水溢
公元 237 年	九月,冀、兖、徐、豫四州民遇水
公元 268 年	九月,青、徐、兖、豫四州大水,伊、洛溢,合于河
公元 270 年	六月,大雨霖。河、洛、沁水同时并溢,流四千九百余家,杀二百余人,没秋稼千三百六十余顷
公元 271 年	六月,大雨霖,河、洛、伊水同时并溢,流四千余家,杀三百余人
公元 276 年	七月,河南、魏郡暴水,杀百余人
公元 277 年	十月,青、徐、兖、豫等七州大水
公元 278 年	七月,冀、兖、豫郡国二十大水,坏室屋有死者
公元 283 年	十二月,河南及荆、扬六州大水
公元 295 年	五月,荆、扬、兖、徐、豫州大水
公元 298 年	九月,荆、扬、冀、徐、豫州大水

年　代	描　述
公元 302 年	七月,兖、豫、徐、冀等四州大水
公元 482 年	八月,徐、东、豫、光等七州大水
公元 499 年	六月,豫等八州大水
公元 500 年	七月,豫等大水,居民全没者十四五
公元 512 年	夏,京师及四方大水
公元 527 年	秋,京师大水
公元 532 年	六月,京师大水,谷水汛溢,坏三百余家
公元 585 年	八月,河南诸州水
公元 586 年	秋七月,河南诸州水
公元 598 年	河南八州大水
公元 602 年	河南、河北诸州大水
公元 607 年	河南大水,漂没三十余郡
公元 611 年秋	大水,山东、河南漂没三十余郡
公元 617 年	九月,河南、山东大水,饿殍满野
公元 633 年	八月,山东、河南三十州大水
公元 634 年	七月,山东、河南、淮南大水
公元 637 年	七月,谷水溢,入洛阳宫,深四尺;洛水溢,漂六百家,溺死者六千余人
公元 644 年	秋,谷、襄、豫等十州大水
公元 655 年	九月,洛州大水,毁天津桥
公元 680 年	九月,洛南、河北诸州大水,遣使赈灾
公元 681 年	八月,河南、河北大水
公元 682 年	五月,洛水溢,坏天津及中桥,溺居民千余家
公元 683 年	二月、三月,洛州黄河水溺河阳县城,水面高于城内五六尺
公元 692 年	五月,洛水溢
	七月,洛水溢
公元 699 年	七月,神都大雨,洛水溢

年　代	描　述
公元 705 年	六月,洛水暴涨,坏庐舍二千余家,溺死者甚众
公元 706 年	四月,洛水暴涨,坏天津桥
公元 707 年	东都霖雨百余日,闭坊市北门
公元 716 年	七月,洛水溢
公元 717 年	六月,巩县暴雨连日,山水泛涨,坏郭邑庐舍七百余家,人死者七十二;汜水同日漂坏近河百姓二百余户
公元 718 年	六月,瀍水暴涨,坏人庐舍,溺杀千余人
公元 720 年	六月,东都暴雨,谷水泛涨。溺死者八百一十五人
公元 722 年	二月,伊水泛涨,毁都城南龙门天竺、奉先寺,坏罗郭东南角,平地水深六尺以上
	五月,东都大雨,伊、汝等水泛涨,漂坏河南府及许、汝、陈等州庐舍数千家,溺死者甚众
公元 726 年	七月,瀍水暴涨,流入洛漕,漂没诸州租船数百艘,溺死者甚众
公元 727 年	七月,洛水溢
	八月,涧、谷溢,毁渑池县
公元 730 年	六月,东都瀍、洛泛涨,坏天津、永济二桥及提象门外仗舍,损居人庐舍千余家
公元 741 年	七月,洛水泛涨,毁天津桥及上阳宫仗舍。洛、渭之间,庐舍坏,溺死者千余人
公元 754 年	瀍、洛水溢堤穴,冲坏一十九坊
公元 763 年	五月,洛水溢
公元 766 年	五月,大雨,洛水泛溢,漂溺居人庐舍二十坊。河南诸州大水
公元 767 年	河东、河南、淮南、浙江东西、福建等道五十五州奏水灾
公元 777 年	八月,雨,河南尤甚,平地深五尺,河决,漂溺田稼
公元 786 年	东都、河南、荆南、淮南江河泛滥,坏人庐舍
公元 787 年	五月,东都、河南、江陵、汴州、扬州大水,漂民庐舍
公元 792 年	七月,河南、河北、山南、江淮凡四十余州大水,漂溺死者二万余人
公元 817 年	河南、河北水

年　代	描　　　述
公元 828 年	夏,京畿及陈、滑二州水害稼
公元 830 年	京畿、河南、江南、荆襄、鄂岳、湖南等道大水,害稼,出官米赈济
公元 863 年	七月,东都、许、汝、徐、泗等州大水,伤稼
公元 873 年	八月,河南大水,自七月不止
公元 880 年	四月,京师、东都、汝州雨雹,大风拔木
公元 925 年	六月至九月,大雨,江河崩决,洛阳等地大水
公元 926 年	正月,自京以东,水潦为,流亡渐多
公元 931 年	五月,洛水溢,坏民庐舍
公元 932 年	六月,霖雨。卫州河水坏堤,东北流入御河。洛水涨泛,坏庐舍,居民有溺死者
公元 935 年	七月,京师苦雨。九月,京师大霖雨
公元 939 年	七月,伊、洛、瀍、汶皆溢
公元 946 年	八月,洛京等地大水
公元 949 年	九月,西京洛水溢岸
公元 953 年	六月,河南、河北诸州大水,霖雨不止,川陂涨溢
公元 979 年	三月,河南府洛水涨三尺,坏民舍
公元 983 年	六月,河南府澎雨,洛水涨五丈余,坏县官署、军营、民舍殆尽;洛、伊、瀍水暴涨
公元 992 年	七月,宋河南府洛水涨,坏七里、镇国二桥
公元 996 年	六月,宋河南瀍、涧、洛三水涨,坏镇国桥
公元 1014 年	六月,河南府洛水涨

开封旱灾统计表

年　代	描　　　述
公元 612 年	天下旱,百姓流亡
公元 617 年	天下大旱
公元 677 年	夏,河南、河北旱

年　代	描　述
公元 683 年	夏,河南、河北旱
公元 689 年	二月,山东、河南旱
公元 707 年	春,河南、河北大旱
公元 727 年	秋,全国八十五州遭旱及霜,五十州遭大水,河南、河北尤甚
公元 728 年	东都、河南、宋、亳等州旱
公元 790 年	春,京畿、关辅、河南大旱
公元 832 年	河东、河南、关辅旱
	剑南、河东、河南、关辅大旱、饥
公元 835 年	秋,京兆、河南、河东、华、同等州旱
公元 837 年	夏,河南、河北、京师大旱
公元 861 年	夏,淮南、河南旱、蝗,民饥
公元 928 年	八月,后唐汴州旱
公元 961 年	京师夏旱,冬又旱
公元 962 年	京师春夏旱
公元 963 年	京师夏秋旱
	冬,京师旱
公元 964 年	正月,京师旱,夏不雨,冬无雪
公元 966 年	春至夏,京师不雨
公元 967 年	正月,京师旱,秋复旱
公元 969 年	夏至七月,京师不雨
公元 970 年	春夏,京师旱,冬无雪
公元 972 年	春,京师旱。冬,又旱
公元 973 年	冬,京师旱
公元 974 年	京师春夏旱。冬,又旱
公元 975 年	春,京师旱
公元 977 年	正月,京师旱
公元 978 年	春夏,京师旱

年　代	描　　述
公元 979 年	冬,京师旱
公元 980 年	夏,京师旱。秋,又旱
公元 981 年	春夏,京师旱
公元 982 年	春,京师旱
公元 984 年	夏,京师旱
公元 985 年	冬,京师旱
公元 986 年	冬,京师旱
公元 987 年	冬,京师旱
公元 989 年	五月,京师旱。秋七月至十一月,旱
公元 990 年	正月至四月,不雨,京师民饥
公元 991 年	春,京师大旱
公元 992 年	春,京师大旱。冬,复大旱
公元 993 年	夏,京师不雨
公元 994 年	六月,京师旱
公元 995 年	春,京师旱
公元 996 年	春夏,京师旱。冬,无雪
公元 998 年	春夏,京畿旱
公元 999 年	春,京师旱甚
公元 1000 年	春,京师旱
公元 1001 年	正月至四月,京畿不雨
公元 1004 年	夏,京师旱,人多渴死
公元 1006 年	夏,京师旱
公元 1009 年	春夏,京师旱
公元 1010 年	夏,京师旱
公元 1015 年	春,京师旱
公元 1016 年	秋,京师旱

年　代	描　述
公元 1017 年	春,京师旱。秋,又旱
公元 1020 年	夏,京师旱
公元 1021 年	冬,京师旱
公元 1024 年	春,不雨
公元 1027 年	夏秋,大旱
公元 1028 年	四月,不雨
公元 1032 年	五月,畿县久旱伤苗
公元 1043 年	自春至夏,京师不雨
公元 1044 年	春,京师不雨
公元 1045 年	二月,天久不雨
公元 1046 年	六月,开封府久旱,民多渴死
公元 1047 年	正月,京师不雨
公元 1062 年	三月,久旱,宋廷罢春宴
公元 1064 年	春,京师逾时不雨
公元 1066 年	春,不雨
公元 1069 年	三月,旱甚
公元 1070 年	六月,畿内旱
公元 1074 年	二月,以旱遣官分祈京城井
公元 1077 年	京师旱
公元 1083 年	夏,畿内旱
公元 1087 年	春,旱,宋廷令京城开寺观祈雨
公元 1089 年	春,京师及东北旱,宋廷罢春宴
公元 1090 年	春,旱,宋廷令京城开寺观祈雨
公元 1093 年	秋,旱
公元 1094 年	旱
公元 1099 年	春,京畿旱

开封水灾统计表

年　代	描　述
公元 585 年	青、兖、汴等州大水
公元 586 年	秋七月,河南诸州水
公元 598 年	秋七月,河南八州水,诏免其课役
公元 602 年	九月,河南、河北诸州大水
公元 603 年	十二月,河南诸州水
公元 607 年	河南大水,漂没三十余郡
公元 611 年	秋,大水,山东、河南漂没三十余郡
公元 617 年	九月,河南、山东大水,饿殍满野
公元 633 年	八月,山东、河南三十州大水
公元 634 年	七月,山东、河南、淮南大水
公元 644 年	秋,谷、襄、豫等十州大水
公元 655 年	秋,冀、沂、密、兖、滑、汴、郑、婺等州水,害稼
公元 681 年	八月,河南、河北大水,许遭水处往江、淮已南就食
公元 726 年	秋,十五州言旱及霜,五十州言水,河南、河北尤甚
公元 767 年	河东、河南、淮南、浙江东西、福建等道五十五州奏水灾
公元 777 年	八月,雨,河南尤甚,平地深五尺,河决,漂溺田稼
公元 786 年	东都、河南、荆南、淮南江河泛滥,坏人庐舍
公元 787 年	闰五月,东都、河南、江陵大水,坏人庐舍,汴州尤甚
公元 792 年	七月,河南、河北、山南、江淮凡四十余州大水,漂溺死者二万余人
公元 817 年	河南、河北水
公元 830 年	京畿、河南、江南、荆襄、鄂岳、湖南等道大水,害稼,出官米赈济
公元 873 年	八月,河南大水,自七月不止
公元 924 年	八月,大雨,汴州大水损稼
公元 944 年	六月,黄河、洛河泛滥堤堰,侵汴等五州境
公元 950 年	五月,京师大风雨,水平地尺余,池隍皆溢
公元 952 年	六月,大雨,京师城下行宫水深数尺。七月,暴风雨,京师水深二尺,坏墙屋不可胜计

年　代	描　述
公元 953 年	六月,河南、河北诸州大水,霖雨不止,川陂皆溢
公元 959 年	九月,京师及诸州霖雨,所在水潦为患
公元 965 年	七月,开封府河决,溢阳武
公元 969 年	九月,京师大霖雨
公元 972 年	五月,京师雨,连旬不止
	六月,河又决开封府阳武县之小刘村
公元 975 年	五月,京师大雨水
公元 976 年	三月,京师大雨水,秋又霖
公元 977 年	六月,开封府汴水溢,坏大宁堤,浸害民田
公元 980 年	五月,京师连旬雨不止
公元 983 年	开封、浚仪、酸枣等县,河水害民田
公元 991 年	六月,汴水溢于浚仪县,坏连堤,浸民田
公元 992 年	九月,京师霖雨
公元 993 年	七月,京师大雨,十昼夜不止,朱雀、崇明门外积水尤甚,军营、庐舍多坏
公元 994 年	开封府雨水害稼
公元 995 年	四月,京师大雨雷电,道上水深数尺
公元 1001 年	六月,京师大雨,漂坏庐舍,积潦浸路
公元 1002 年	六月,京师大雨,浸坏庐舍,民有压死者;积潦浸道路,河复涨溢,军营多坏
公元 1018 年	六月,开封府尉氏县惠民河决
公元 1019 年	十月,京畿惠民河决坏民田
公元 1020 年	五月,京师大雨,平地数尺,坏军营、民舍,多压死者
	七月,京师连雨弥月。甲子夜大雨,流潦泛溢,民舍军营圮坏大半,多压死者
公元 1021 年	九月,霖雨,宋廷遣官分祈天地、宗庙及在京寺观
公元 1026 年	六月十六日,大雨震电,平地水数尺,坏京城民舍,压溺死者数百人
公元 1033 年	六月,京师雨,坏军营府库
公元 1036 年	七月,大雨震点

年　代	描　述
公元 1052 年	八月，京师大风雨，民庐摧，至有压死者
公元 1056 年	五月，京师大雨不止，水冒安上门，门关折，坏官私庐舍数万
	六月，京师大水，坏城及水——开封府界水潦害民田
公元 1058 年	八月，霖雨害稼
公元 1061 年	八月，京师久雨。是岁频雨，及冬不止
公元 1064 年	自夏历秋，京师久雨不止，水灾，摧真宗及穆、献、懿三后陵台
公元 1065 年	八月三日，京师大雨，地上涌水，坏官私庐舍，漂人民畜产，不可胜数
公元 1087 年	七月，以雨罢集英殿宴
公元 1093 年	自四月雨至八月，昼夜不息，畿内、京东、河北等地大水
公元 1094 年	七月，京畿久雨害稼
公元 1095 年	六月，久雨，九月以久雨罢秋宴
公元 1098 年	九月，京师久雨不止，营中水至三尺五寸，细民无以为生
公元 1102 年	七月，久雨，坏京城庐舍，民多压溺而死者
公元 1104 年	六月，久雨
公元 1105 年	五月，京师久雨，又自七月至九月所在霖雨伤稼
公元 1107 年	京畿大水，诏工部、都水监疏导至于八角镇
公元 1118 年	五月，大雨，水骤高十余丈（一作五七丈），犯都城，自西北牟驼冈连万胜门外马监，居民尽没
公元 1119 年	京畿恒雨
公元 1126 年	四月，京师大雨

注：以上附录资料统计自：《陕西历史自然灾害简要纪实》（《陕西历史自然灾害简要纪实》编委会，2002）、《中国历代自然灾害及历代盛世农业政策资料》（中国社会科学院历史研究所资料编纂组，1988）、《中国灾荒史记》（孟昭华，1999）、《宋代东京研究》（周宝珠，1992）、《中国古代重大自然灾害和异常年表总集》（宋正海，1992）、《泾洛流域自然环境变迁研究》（王元林，2005）、《东汉洛阳灾害记载的社会史考察》（王文涛，2010）、《两汉时期长安与洛阳都城水旱灾害对比研究》（殷淑燕，黄春长，2008）、《唐代洛阳的水害》（王化昆，2003）、《唐宋开封的气候和自然灾害》（程遂营，2002）等文献。